TƯ DUY ĐẤU SĨ

Cách Luyện Não Để Hạ Gục Mọi Vấn Đề Từ Trường Học Tới Trường Đời

FuSuSu - Nguyễn Chu Nam Phương

Ver 5.240422

Copyright © 2024 Nguyễn Chu Nam Phương. All rights reserved.

Nguyễn Chu Nam Phương giữ bản quyền cuốn sách này. Bất cứ hành động sao chép, chuyển thể sang các định dạng khác, phát tán trên các kênh truyền thông nào mà không có sự đồng ý bằng văn bản từ **Nguyễn Chu Nam Phương**, đều là bất hợp pháp và vi phạm Luật Xuất bản Việt Nam, Luật Bản quyền Quốc tế và Công ước Bảo hộ Bản quyền Sở hữu Trí tuệ Berne.

MỤC LỤC

QUÀ TẶNG BẤT NGỜ

KỶ NIỆM 10 NĂM VIẾT LÁCH

6 EBOOK & 3 KHÓA HỌC

fususu.com/?r=qrtdds

CHUYỆN MỞ ĐẦU

Thời đi học, có bao giờ bạn thắc mắc tại sao mình lại phải học? Tại sao phải giải quyết những vấn đề trong sách vở, trong khi cuộc sống có bao nhiêu thứ cần phải xử lý?

Chẳng hạn, nếu có đứa bạn xù nợ mình, thì phương pháp đạo hàm nào có thể bẻ răng nó? Để gây ấn tượng với người trong mộng, thì nên vẽ đồ thị hình gì? Hay cách tích phân nào sẽ giúp sếp tăng lương cho mình?

Tôi vẫn còn nhớ mãi...

Sau khi tốt nghiệp tiểu học với tấm bằng quý hiếm loại trung bình, tôi mặc cảm lắm. Cộng thêm cái bụng phệ một cách tự nhiên, lúc nào tôi cũng nghĩ mình thật xấu xí, nên càng thêm khép mình trong vỏ bọc tự ti.

Nhiều lúc nhìn vào gương tôi tự hỏi, *"Tại sao mình lại được sinh ra?"*

Thế nhưng, tôi cũng có chút hy vọng.

Vì tôi sắp bước vào cấp 2, ở một môi trường mới, nơi chẳng ai biết mình. Cái bụng phệ vốn nó vậy, tôi chẳng thể làm gì, nhưng chuyện điểm số thì tôi có thể làm gì đó.

Thế là dù chẳng biết tại sao phải học (thực ra là có một lý do nhỏ mà tôi sẽ bật mí ở chương sau), tôi đã "cày" như trâu như bò.

Có lẽ thế mà ông trời đã tưởng thưởng.

Cuối học kỳ đầu tiên của năm lớp 6, điểm trung bình các môn tôi đạt hơn 8 phẩy, nhưng theo chuẩn mực hồi ấy tôi vẫn chỉ là học sinh tiên tiến, chứ chưa phải loại giỏi. Trong tôi lại càng thêm mặc cảm, các suy nghĩ tiêu cực kéo tới như vũ bão.

"Trời ơi," tôi thầm trách bản thân. "*Mình đã xấu mà phấn đấu mãi chẳng nổi loại giỏi, sau này sao mà cưới vợ???*"

"Ừ, *đúng rồi*", một giọng nói khác trong tôi lên tiếng. "*Cái tụi học sinh giỏi là thiên tài, là con trời.*"

"Ừ," tôi đành an phận. "*Mình cũng chỉ là con bố mẹ, là con người bình thường thôi.*"

Để quên đi nỗi đau, thay vì "cày điểm" trên lớp, tôi bắt đầu "cày level" trong game. Thời ấy có series game nhập vai Final Fantasy nổi tiếng tới 7 phần, và với cái máy tính cùi bắp ổ cứng 1Gb, ram 16MB, tôi đã phá đảo gần hết!

Tôi thầm nghĩ, *"Nếu thế giới thực khó quá, thì mình sẽ bá chủ thế giới ảo!"*

Những tưởng sau này, với sự kiên trì bền bỉ của mình, tôi sẽ trở thành chiến thần trên các đấu trường điện tử nào đó, tôi sẽ nổi tiếng, sở hữu đủ mọi vật phẩm quý giá trong game, thậm chí có cả tá bạn gái ảo xinh đẹp...

Nhưng đời không như mơ...

Sau đó không lâu...

Tôi trở thành học sinh xuất sắc nhất lớp. Tôi tốt nghiệp cấp 2 với 56,5/60 điểm, cấp 3 với 54,5/60 và đỗ ĐH Ngoại Thương với 28/30 điểm. Tới giờ, tôi vẫn giữ ảnh chụp các tấm bằng thời ấy.

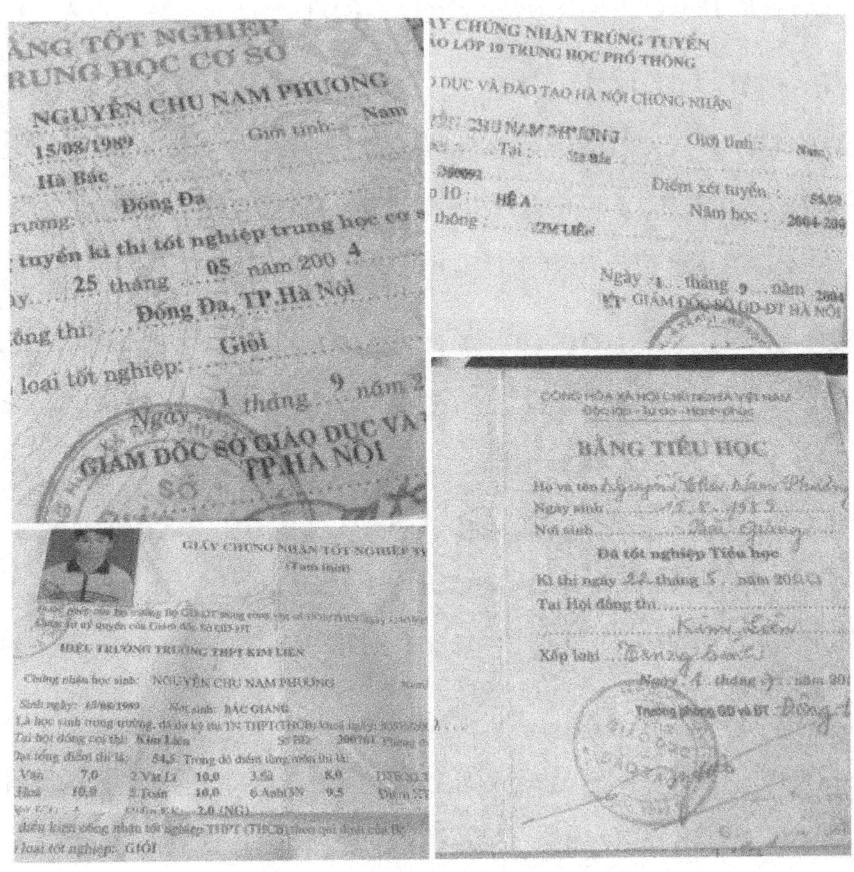

Đó là trường học, còn trên trường đời sau này thì sao?

Nhiều bạn đồng trang lứa ra trường phải xông xáo tìm việc mà chưa chắc có công việc như ý, còn tôi thì việc làm phù hợp tự tìm tới mình, với mức lương giúp tôi có thể tự lập ngay khi còn là sinh viên năm 2.

Và còn nhiều thành tựu thú vị khác nữa, nhưng tôi chia sẻ không phải để khoe, vì nó cũng chưa là gì so với nhiều người ngoài kia, tôi chia sẻ để giúp bạn thấy sự khác biệt:

Dù trí não cũng cá vàng, nhưng sau đó tôi có thể nhớ chính xác tới cả số thứ tự của dãy Pi dài 1000 số, và là Trainer siêu trí nhớ của khóa học Tôi Tài Giỏi nổi tiếng, với chuẩn mực của tập đoàn Adam Khoo, Singapore, và đã huấn luyện tới cả chục ngàn học viên.

Dù hướng nội, ngại giao tiếp, nhưng tôi có thể tạo ra Tiktok gần 300 ngàn Followers chỉ sau vài tháng, và là người Việt Nam đầu tiên vô địch bộ môn thuyết trình hài hước khu vực 5 nước Đông Nam Á, do Toastmasters International tổ chức vào tháng 5/2022.

Dù 4 điểm Văn thi tốt nghiệp, nhưng tôi đã trở thành tác giả tới 10 đầu sách đã xuất bản, với danh sách hơn 100000 độc giả, thậm chí còn hướng dẫn cho cả trăm tác giả khác thực hiện ước mơ viết sách.

Dù từng trải qua hơn 20 mối tình thất bại, nhưng hiện tôi đang sống hạnh phúc với vợ mình ở một thành phố biển xinh đẹp. Tôi làm chủ hoàn toàn thời gian, và đang sống với đam mê viết lách, chia sẻ, giúp đỡ mọi người (và thi thoảng vẫn chơi game).

Ủa, chuyện gì xảy ra vậy?

Bản thân tôi cũng rất ngạc nhiên khi nhìn lại quãng đường mình đã đi qua:

Từng gặp đủ mọi vấn đề, từ tự ti vì tốt nghiệp tiểu học trung bình, ngoại hình mất cân đối, trí não cá vàng, mê game, hướng nội nặng, ngại giao tiếp, chưa kể lại chọn nhầm ngành nghề, mất phương hướng cuộc sống...

Thế mà sau đó tôi đã vượt qua mọi kì thi với điểm số gần tuyệt đối, rồi từng bước chinh phục được nhiều mục tiêu "không tưởng" trong cuộc đời: Từ trở thành nhà đào tạo được công nhận, tác giả sách, sở hữu lối sống tự do, vừa du lịch, vừa làm việc...

Đó là lý do tôi viết cuốn sách này

Trải qua hành trình ấy, tôi tin rằng: Mọi thứ đều có thể, vấn đề là phương pháp.

Hơn 10 năm qua, tôi không ngừng chia sẻ các bí quyết thú vị mình đúc rút được thông qua hàng trăm blog trên Fususu, và đặc biệt là trong 10 cuốn sách mình đã xuất bản với nhiều phản hồi 5 sao từ độc giả...

Tuy nhiên gần đây, tôi nhận ra một vấn đề.

Thời thế đã thay đổi.

Nếu ngày xưa là thời đại của thông tin, thì giờ là thời... "loạn" thông tin (và sắp tới là "loạn" AI). Chỉ cần một câu lệnh, người ta có thể dễ dàng tiếp cận với những thông tin hay phương pháp giúp họ đạt mục tiêu nào đó.

Vấn đề là: Biết phương pháp thôi chưa đủ, bạn vẫn cần phải có thêm một thứ gì đó.

Bằng chứng là...

Rất nhiều người cũng đọc những cuốn sách tôi từng đọc, áp dụng những kiến thức tôi từng tìm ra, hoặc cùng hỏi thăm ChatGPT. Có người ứng dụng tốt và đạt kết quả mong muốn, nhưng không phải là tất cả.

Cũng phải thôi, đâu phải mọi học sinh cùng lớp, cùng thầy, đều có thể trở nên xuất sắc?

Tuy nhiên, điều đó làm tôi băn khoăn:

Tại sao cùng là kiến thức đã giúp tôi, đã giúp ai đó thành công, nhưng nhiều người khác lại chưa thể áp dụng tốt?

Tất nhiên, tôi có thể lấy lý do là họ trì hoãn, không chịu áp dụng, hoặc áp dụng chưa đúng, chứ không phải do kiến thức.

Nhưng làm vậy chẳng có ích lợi gì cả.

Vì thế mà tôi đã chiêm nghiệm lại hành trình hơn 20 năm phát triển bản thân, từ lúc còn là cậu nhóc học sinh cấp 2 tự ti, cho tới hiện tại tự tin với các kết quả đột phá, cũng như phỏng vấn những người thành công mình biết để tìm ra điểm mấu chốt.

Tin vui là tôi đã tìm ra câu trả lời!

Biết phương pháp thôi chưa đủ, bạn cần biến kiến thức thành kỹ năng, rồi kỹ năng thành bản năng, thì mới gặt hái kết quả tuyệt vời.

Để làm điều đó, bạn cần "huấn luyện" cho bộ não của mình, bạn cần làm chủ một thứ mà tôi gọi là "Tư Duy Đấu Sĩ".

Tư duy này sẽ giúp bạn áp dụng mọi phương pháp đã học để xử lý vấn đề hiệu quả, thay vì mải mò mẫm hết phương pháp mới này tới phương pháp mới khác, mà mãi vẫn chưa thấy đích đến ở đâu cả.

Sách sẽ giúp bạn thế nào?

Phần I, bạn sẽ được khám phá một sai lầm đã "kìm hãm" vị đấu sĩ trong tôi, cũng là lý do khiến hầu hết mọi người mãi dậm chân tại chỗ, hoặc đứng núi này trông núi nọ. Bạn cũng được trang bị một sức mạnh tuyệt vời, là nền tảng cho Tư Duy Đấu Sĩ ở phần II.

Phần II, bạn sẽ được nắm 3 bước đơn giản để giải quyết mọi vấn đề từ trường học tới trường đời. Đặc biệt, bạn sẽ hiểu nó thông qua một trải nghiệm có thể khiến bạn bè hoặc chính bạn đều sẽ phải ngạc nhiên vì "bộ não thiên tài" của mình đấy!

Phần III là nơi bạn sẽ thấy Tư Duy Đấu Sĩ ứng dụng trong thực tế. Thông qua những câu chuyện tôi ít kể, bạn sẽ được biết chính xác cách áp dụng Tư Duy Đấu Sĩ như thế nào để lần lượt chinh phục từng mục tiêu không tưởng.

Nếu áp dụng triệt để, bạn sẽ tiết kiệm được rất nhiều thời gian, tiền bạc đầu tư vào phát triển bản thân, giúp bạn biến mọi kỹ năng bạn từng học trở thành bản năng, để xử lý mọi vấn đề nhanh chóng, và gặt hái những kết quả tuyệt vời bạn đáng ra phải có từ sớm hơn!

Trước đó...

Lưu ý khi đọc sách

Hãy hình dung mỗi chương sách, giống như một cuộc trò chuyện trong giờ giải lao, trong một lớp học thời thơ ấu.

Chúng ta sẽ có những giây phút thư giãn, và sau đó là những giờ luyện tập để giúp bạn thành thục điều mới khám phá. Nhờ đó mà từng bước, bạn sẽ hiểu được chân tơ kẽ tóc các bí quyết trong sách và áp dụng thành công trong cuộc sống của bạn.

Đây không phải là một cuốn sách chứa đầy thông tin, mà bạn cần sử dụng các phương pháp đọc nhanh để nắm bắt.

Cách đọc cuốn sách này hiệu quả nhất là:

Hãy đọc từ đầu tới cuối, và quan trọng là đọc tới đâu, thực hành ngay tới đó.

Ngay phần sau, bạn sẽ được khám phá một sức mạnh có thể chuyển hóa con người, nhưng lại thường xuyên bị đánh giá thấp, thậm chí bị lãng quên. Bạn đã sẵn sàng chưa?

PHẦN I
SỨC MẠNH BỊ LÃNG QUÊN

Tôi có phải con người?

Bạn còn nhớ câu chuyện tôi kể đầu sách chứ?

Sau bao nỗ lực, tôi không thể đạt danh hiệu học sinh giỏi học kỳ ấy. Tôi tin rằng tụi học sinh giỏi là thiên tài, là "con trời", còn mình là con bố mẹ thì đành chấp nhận số phận. Bên cạnh đó, tôi cũng tin rằng mình xấu giai, học không giỏi, thì cách để có vợ đẹp chỉ có thể là... trở thành game thủ.

Thế là thay vì "cày điểm" trên trường, tôi đã "cày level" trong game còn trâu hơn trước. Có lẽ tôi đã thực hiện được ước mơ game thủ, và cuộc đời đã rẽ sang một trang hoàn toàn khác (rách nát hơn), nếu không có biến cố này...

Hôm ấy, mẹ đi vắng, tôi đang tranh thủ "cày level" tích cực, thì bỗng có tiếng chuông cửa.

Kính coong!

Tôi mặc kệ.

Kính coong!

Tôi vẫn chơi tiếp.

Kính coong!

Tôi lật đật chạy ra ban công để ngó. Và kìa, đó là người đã thay đổi cuộc đời tôi mãi mãi.

Một bà đồng nát[1].

"Cơ hội mua đĩa games đây rồi!" Tôi thầm nghĩ và chạy ráo rác quanh nhà, tìm xem có thứ gì cũ kỹ để bán được cho bà ấy hay không.

Sau khi đưa cho tôi vài đồng lẻ, bà ấy nhìn tôi mỉm cười và nói một điều mà tôi nhớ mãi:

"Con nhà ai mà xinh giai thế nhỉ!"

Mặt tôi ửng đỏ.

Không biết bà ấy nói thật hay đùa, nhưng tôi vui lắm. Con tim tôi như muốn gào lên, *"Ồ, được đấy. Có thể mình không đẹp trai, nhưng mình... xinh giai!"*

Và bạn đoán được điều gì xảy ra với mấy món đồ trong nhà tôi sau đó rồi. Còn dùng được hay không, không quan trọng, miễn là nó... bán được! ●

---

[1] Còn gọi là người đi thu mua ve chai, họ mua đủ thứ cũ nát từ sách báo, giày dép, bàn là cũ hỏng...

Lời khen ngợi của bà đồng nát tuy đơn giản, nhưng đã truyền cho tôi một nguồn cảm hứng lớn. Tôi thầm nghĩ, *"Xinh giai, mà lại học ngu ư??? Không ổn rồi!"*

Động lực ấy như một cú hích, đưa tôi quay lại con đường "cày điểm" chân chính.

Dù đang nghỉ hè, tôi vẫn lấy sách vở ra học... được vài hôm●

Bước ngoặt thực sự là một biến cố khác.

Hôm ấy, mẹ đi vắng, tôi tranh thủ cày game tiếp, và lại có tiếng chuông cửa.

Kính coong!

"Ai vậy ta?" Tôi tự hỏi, *"Liệu lần này lại là cú hích khác? Một ông đồng nát chăng?"*

Kính coong!

Tôi ngó đầu ra, và thấy... cô giáo chủ nhiệm.

Ngay lập tức tôi rụt đầu vào. *"Quái, sao cô giáo tới nhà mình? Mình đã làm gì sai ư??"*

Bạn phải hiểu lúc đó tôi run thế nào, vì nói thật trong cả đời học sinh, tôi đã luôn nỗ lực để trở thành con ngoan trò giỏi. Từ trước giờ, chỉ có chuyện chúng tôi tới nhà thăm cô giáo nhân dịp lễ tết, chứ điều ngược lại thì chưa bao giờ xảy ra.

Kính coong!

Tôi án binh bất động.

Kính coong!

Tôi quyết tâm không mở cửa.

Kétttt...

Cái cổng nó tự mở bạn ạ! Không biết "Skill" nào đã giúp cô ấy mở khóa nhà mình vậy???

Sau đó là tiếng bước chân lộp cộp.

Kéttt....

Cái cửa ở phòng khách nó tự mở tiếp???

Rồi có tiếng cười nói phớ lớ.

Tim tôi đập thình thịch. *"Chết rồi, sao mẹ lại về đúng giờ này?"*

Sau đó một hồi lâu.

"Phương ơi!" mẹ tôi gọi.

Tôi im phăng phắc, lặng lẽ tắt cái máy tính.

"Phương ơi!" mẹ gọi, và bước lên cầu thang.

Đứng ngoài cửa phòng, tôi tim đập chân run.

Mẹ im lặng nhìn tôi một lúc. Cuối cùng mẹ nói, "Chúc mừng, con được học sinh giỏi!"

Tôi đã sốc.

Phải mấy giây sau mới bình tĩnh lại được.

Chuyện gì xảy ra vậy?

Hóa ra là cô giáo tới nhà để báo tin: Năm đó Bộ Giáo dục và Đào tạo đã cao hứng thế nào mà hạ điểm chuẩn học sinh giỏi từ 9 phẩy còn 8 phẩy. Tôi được 8,1 nên nghiễm nhiên trở thành... học sinh giỏi!!!

Dù là học sinh giỏi "vớt", nhưng con tim tôi nghẹn ngào. *"Trời ơi, Phương ơi, cậu là học sinh giỏi, cậu là thiên tài!"*

Tôi cũng như gào lên đáp lại, *"Thật ư? Hóa ra mình là con trời, không phải con người???"*

Nhờ nghĩ mình khác người, nên tôi bắt đầu tìm ra những phương pháp học cũng khác người. Thay vì ghi chép bình thường, tôi bắt đầu làm thơ, vẽ vời... sau này tôi mới biết hóa ra đó cũng là các phương pháp học tập siêu tốc.

Nếu như học kì I ấy điểm tổng kết của tôi chỉ là 8,1 thì học kì II đã đột biến tới 9,2. Tôi bỗng chốc trở nên "nổi tiếng", được chọn làm cán sự lớp, rồi lớp phó học tập v.v... và sau đó thế nào thì bạn cũng biết rồi.

Ngoài chuyện đạt những kết quả học tập xuất sắc, thì tôi còn có rất nhiều... mối tình đơn phương, và rốt cục, dù xinh giai học giỏi suốt 4 năm cấp 2, tôi vẫn chưa có bạn gái ●

Thế nhưng từ ấy trở đi, trong tôi lờ mờ cảm nhận được một thứ, một sức mạnh nào đó từ sâu thẳm bên trong. Nó khiến tôi tin rằng chỉ cần đặt ra mục tiêu và tin mình làm được, thì tôi sẽ làm được, bất kể mục tiêu đó là gì.

Sức mạnh đó đến từ việc, tôi đã tin rằng:

Mình không phải con người ●

Đã bao giờ bạn bất ngờ vì sức mạnh của niềm tin như thế chưa?

Thực ra trong lịch sử loài người không hiếm những câu chuyện cho thấy niềm tin có thể chuyển hóa cuộc đời ai đó, thậm chí tạo ra những điều kỳ diệu.

Câu chuyện Morris Goodman

Năm 2010, sau khi học xong khóa học Tôi Tài Giỏi Bạn Cũng Thế đầu tiên mở tại Hà Nội, tôi mới biết sức mạnh của niềm tin thực sự ghê gớm tới mức nào.

Đó là sáng ngày thứ 3 của khóa học, tôi được xem bộ một phim tài liệu nói về Morris Goodman. Một tai nạn máy bay thảm khốc đã khiến cho cột sống, thận, phổi của ông bị tổn thương nặng nề, và tất cả những gì ông có thể làm được chỉ là... chớp mắt.

Các bác sĩ, với khuôn mặt u ám, đã đưa ra lời kết luận đau lòng: việc đi lại, nói chuyện, thậm chí thở mà không cần máy móc hỗ trợ với ông sẽ là một giấc mơ quá xa vời, nếu không muốn nói là viễn vông.

Morris không tin điều đó.

Ông từ chối đầu hàng số phận, và bắt đầu một hành trình đầy gian khổ để tự chữa lành. Mỗi buổi trị liệu đầy đau đớn, mỗi thất bại gặp phải chỉ càng làm cho quyết tâm của ông thêm mạnh mẽ. Những tháng ngày trôi qua, đan xen giữa nỗ lực không ngừng nghỉ là niềm tin sắt đá rằng một ngày nào đó mình sẽ hồi phục. Tiếp thêm sức mạnh cho ông là những băng đĩa và sách nói tràn ngập lời động viên với niềm tin tích cực (mà người thân và các bác sĩ chỉ nghe qua và lắc đầu)

Và rồi, điều không thể tưởng tượng nổi đã xảy ra. Bất chấp dự đoán của y học, Morris từng bước lấy lại những khả năng của mình.

Một ngày nọ, dù rất khó khăn, nhưng ông đã tự thở được hơi đầu tiên mà không cần máy trợ thở. Sau đó, giọng nói khàn khàn nhưng đầy kiên cường của ông đã phá vỡ sự im lặng. Rồi kế đến, những bước đi dè dặt nhường chỗ cho những bước tiến đầy tự tin.

Trong vòng một năm, người đàn ông từng được cho là có thể không bao giờ tự thở, đã đứng hiên ngang, hít thở tự do, thậm chí bước ra khỏi bệnh viện, bước vào căn phòng của chính vị bác sĩ đã từng nói rằng đó là điều không thể.

Tôi vẫn còn nhớ mãi cuộc hội thoại lúc đó của hai người.

"Tôi đã tin là anh không thể làm được," vị bác sĩ nói, mắt tròn xoe.

"Còn tôi thì chưa bao giờ tin như vậy," Morris Goodman mỉm cười, đáp lại.

Sau này Morris Goodman được mệnh danh là The Miracle Man (Người Đàn Ông Diệu Kỳ), và cũng là một tác giả, diễn giả truyền cảm hứng tuyệt vời. Cuộc đời của ông đã truyền tải xuất sắc thông điệp:

Khi bạn tin tưởng tuyệt đối vào điều gì đó, thì bạn sẽ phát huy mọi sức mạnh trong mình để biến nó thành hiện thực.

Đọc tới đây, tôi đoán là bạn đã nhận ra "sức mạnh bị lãng quên" là gì rồi đúng không?

Đây cũng là sức mạnh có thể xử lý được mọi vấn đề trong cuộc sống, và thật ra cũng là thứ có thể đã góp một phần (hoặc phần lớn) làm phát sinh ra cả tá vấn đề trước đó.

Đó là niềm tin.

Quay trở lại câu chuyện của tôi lúc trước, sự tự ti của tôi đến từ đâu? Tôi đã mắc sai lầm nào?

Sai lầm của tôi

Tôi đã từng nhìn vào cái bụng phệ của mình và thầm trách ông trời tại sao lại cho mình cơ thể trông mất cân đối như vậy.

Tôi đã không biết rằng thật ra xấu hay không cũng chỉ là niềm tin của tôi. Thực tế là có rất nhiều người có cái bụng còn to hơn tôi, nhưng vẫn được mọi người yêu quý (thậm chí còn coi đó là một cái gối ôm tuyệt vời).

Tôi đã từng tin rằng cho dù mình có nỗ lực đến thế nào đi chăng nữa, tôi cũng không thể nào trở thành học sinh giỏi.

Do vậy, thay vì nỗ lực hơn nữa để cày điểm, tôi lại cày game. Thật may mắn là biến cố xảy ra đã giúp tôi có niềm tin đúng đắn, và lựa chọn con đường khác đi. Chứ không thì bạn và tôi sẽ khó mà gặp nhau trên trang sách này, vì tôi đang lạc trôi ở thế giới ảo nào đó.

Rồi khi lớn lên, dù sở hữu thành tích học tập khác biệt, nhưng tôi siêu hướng nội và ngại giao tiếp. Thời đấy, thật khó để bạn có thể cậy mồm tôi nói một thứ gì đó, chứ đừng nói gì đến việc lên sân khấu diễn thuyết cả tiếng, hay mạnh dạn mở lời với người trong mộng.

Ấy thế mà tôi đã vượt qua tất cả để thực hiện được những ước mơ mà thời ấy tôi nghĩ rằng chúng không thể nào "viển vông" hơn.

Tôi vẫn còn nhớ mãi cái ngày mà sau khi đặt ra mục tiêu trở thành một Trainer hài hước và đã có những thành công ban đầu.

Tôi đã khiến cả công ty cười nghiêng ngả.

Bí quyết của tôi đơn giản lắm, tôi đã cho họ xem clip hài, một bài nói vô địch diễn thuyết của Darren Lacroix thực hiện năm 2001.

Sau đó, họ cười té ghế khi nghe tôi nói, "6 tháng nữa, em sẽ làm được như ông ấy."

Nhìn ánh mắt mọi người lúc đó, nghe tiếng cười thảm thương của họ, tôi biết chẳng ai tin tôi có thể làm được.

Nhưng từ bên trong, tôi cũng biết rằng trên đời này nếu có một niềm tin có thể tạo ra kết quả tuyệt vời, thì nó không sẽ đến từ người khác, mà phải đến từ chính bản thân mình.

Tôi tin tưởng tuyệt đối vào bản thân.

Tôi sẽ làm được!

Và 6 tháng sau, tôi đã... thất bại.

Nhưng 6 tháng sau đó nữa, tôi lại thành công.

Một năm kể từ khi đặt ra mục tiêu, tôi đã trở thành Trainer chính thức của Tôi Tài Giỏi, một khóa học phát triển bản uy tín nhất thời đó, với chuẩn mực Trainer siêu khắt khe, đòi hỏi bạn không chỉ tài giỏi, mà phải nói chuyện cũng có duyên. Nếu tham gia đội ngũ Trainer hồi ấy, bạn sẽ thấy cứ như thể họ chỉ tuyển những người có năng khiếu!

Trải qua tất cả, tôi nghiệm ra rằng...

Nếu như sau khi đặt mục tiêu mà gặp cản trở nào đó, gặp sự trì hoãn nào đó, thì không phải là do chúng ta yếu kém, mà đơn giản là:

Chúng ta đã đặt niềm tin không đúng chỗ và đánh mất sức mạnh hành động.

Tôi có một kỳ tích thú vị.

Đó là bình thường một tác giả có thể phải chật vật nhiều năm, thậm chí cả đời mới viết ra một cuốn sách. Nhưng trong nhiều năm qua, mỗi năm... tôi xuất bản một cuốn, và "trộm vía", chúng thường được đánh giá cao.

Nếu chỉ nhìn thoáng qua, mọi người có thể tin rằng tôi có năng khiếu.

Bạn thấy đó, họ tin rằng phải có năng khiếu thì mới viết sách, nên những người ấy đánh mất sức mạnh hành động của họ đối với việc viết sách.

Sự thật thế nào bạn cũng biết rồi.

Không chỉ 4 điểm Văn tốt nghiệp, mà tôi còn rất trì hoãn. Tôi đã từng mất gần 5 năm để tạo ra bản thảo đầu tiên. Sở dĩ lâu như vậy vì hồi đó do tôi đã từng tự mày mò để chinh phục được những điều không thể, từ code web cho tới trở thành Trainer... nên tôi tin:

Mình cũng có thể mày mò để viết sách.

Tất nhiên là sau đó tôi tự mò mẫm làm được, nhưng tôi đã mất rất nhiều thời gian để ra bản thảo đầu tay là một cuốn tiểu thuyết, và háo hức gửi tới một nhà phát hành có tiếng thời ấy rồi chờ đợi.

Chắc bản thảo của tôi xuất sắc quá hay sao, mà cả tháng sau, họ mới từ chối (hoặc là họ quá bận rộn nên mãi mới đếm xỉa tới nó).

Nếu 5 năm trước, tôi viết mãi mới xong một cuốn, thì 5 năm sau, mỗi năm tôi xuất bản một cuốn sách!

Điều gì xảy ra vậy?

Có một sự thay đổi trong niềm tin trong tôi.

Sau thất bại đó, tôi đã đầu tư cho bản thân, tôi đã dành cả trăm đô để mua sách và phần mềm dạy cách viết tiểu thuyết Snowflake của Randy Ingermanson.

Nhờ ông mà tôi nhận ra:

Một cuốn sách hay là do thiết kế, và thứ tôi cần là một tấm bản đồ đúng đắn.

Niềm tin ấy giúp tôi thay đổi chiến thuật. Trước khi làm gì, tôi luôn tìm hiểu xem có ai đó đã làm được điều tương tự chưa, rồi bắt đầu học hỏi từ họ. Nhờ vậy, tôi sẽ tránh được những sai lầm không đáng có, và tiết kiệm nguồn lực quý giá nhất là thời gian!

Từ bản thân, tôi nghiệm ra rằng nếu có ai đó áp dụng chưa tốt một điều gì đấy, thì không phải là họ yếu kém hay phương pháp sai, mà có thể là bên trong họ có một niềm tin nào đó đang cản trở việc áp dụng.

Còn bạn, bạn có thấy điều tương tự không?

Vậy những niềm tin nào đang cản trở bạn đạt được những kết quả bạn muốn bấy lâu nay?

-

-

–

Nhận diện ra chúng, là bước đầu tiên để bạn lấy lại sức mạnh trong mình đấy.

Có TIN, cứ THỬ, mới TIẾN!

Tôi rất thích một câu nói của Sylvester Stallone, một đấu sĩ thực thụ trên trường phim, lẫn trong trường đời:

"It's not about how hard you hit. It's about how hard you can get hit and keep moving forward."

Tạm dịch: Quan trọng không phải là bạn đấm mạnh thế nào, mà là bạn có thể chịu đòn mạnh tới mức nào mà vẫn tiến lên.

Nếu bạn không tin mình làm được, thì bạn sẽ chẳng bao giờ thử, chứ đừng nói đến chuyện tiến lên và đạt được một thành tích tuyệt vời nào đó, vì tỷ lệ chiến thắng khi ấy là 0%.

Ngược lại, nếu bạn có niềm tin vào bản thân, thì dù khó khăn thế nào, bạn vẫn sẽ thử. Và khi bạn thử, bạn có thể làm được hoặc không làm được, tỷ lệ chiến thắng là 50%.

Dù có thất bại, bạn vẫn có được những bài học kinh nghiệm và có thể thành công ở lần tiếp theo. Đây chính là một nền tảng quan trọng của Tư Duy Đấu Sĩ.

Cuộc đời là vậy, khi bạn đặt ra cho bản thân mình bất cứ một mục tiêu to lớn nào, thì một cuộc chiến thực sự bắt đầu.

Tôi không nói đến cuộc chiến với những người thân xung quanh bạn, vì chắc chắn sau đó, bạn sẽ phải chiến đấu với những lời khuyên can cản trở của họ. Và điều đó là tốt, vì nó chứng tỏ họ quan tâm tới bạn.

Tôi cũng không nói đến những thách thức mà bạn có thể gặp trong quá trình thực hiện, vì chắc chắn đó là điều sẽ xảy ra. Làm gì có chiến thắng nào đáng tự hào mà trước đó không có những nỗi đau thất bại?

Tôi đang nói đến một cuộc chiến trong tâm trí. Nó bắt đầu ngay khi bạn có một tia hy vọng, ngay khi đặt ra mục tiêu mới nào đấy.

Cuộc chiến ấy tạo ra rất nhiều rào cản trong tâm trí. Và nhiều khi, rào cản mạnh nhất không bắt đầu bằng "Không, bạn không thể..." mà lại ở dạng "Ok, có thể..." như sau:

"*Ok, có thể phương pháp này hay, nhưng chưa chắc nó đã phù hợp với mình...*"

"*Ok, có thể nó phù hợp với mình, nhưng chưa chắc mình đã đủ kiên trì để áp dụng...*"

"*Ok, có thể... nhưng chưa chắc...*"

Bạn thấy đấy, bộ não thật thông minh, nó luôn tìm cách để trì hoãn thực hiện điều gì đó mới mẻ. Chính vì thế, bạn cần huấn luyện cho bộ não Tư Duy Đấu Sĩ, để thay vì hay "bàn lùi" như vậy, nó sẽ mạnh dạn tiến lên:

"*Ok, làm sao biết nó phù hợp thực sự, nếu không thử?*"

"*Ok, làm sao biết mình có thành công hay không, nếu không bắt tay vào hành động?*"

"*Ok, làm sao mà biết... nếu không hành động!*"

Làm sao để làm được điều đó đây?

Từ đầu đến giờ, bạn đã được nghe những câu chuyện, bạn đã được thư giãn rồi. Giờ đã tới lúc chúng ta bắt đầu chiến đấu thôi!

Đã tới lúc thử thách bản thân.

Bạn có tin vào khả năng giải quyết vấn đề của mình không?

Dù có hay không, để hiểu bản chất Tư Duy Đấu Sĩ, cũng như cách ứng dụng nó từ trường học đến trường đời, tôi mời bạn nghiêm túc thực hiện một bài kiểm tra nhỏ.

Hãy thực hiện chính xác các bước sau đây.

1) Tìm cho mình một không gian yên tĩnh.

2) Chuẩn bị đồng hồ bấm giờ trong 5 phút.

3) Hãy tin rằng bạn có thể làm được mọi thứ, và thực hiện thử thách ở trang bên.

Thử thách cho bạn

Bạn có tối đa 5 phút **tính nhẩm trong đầu** và viết ra kết quả các phép toán bên dưới.

95 x 95 = ?	36 x 34 = ?
96 x 98 = ?	81 x 81 = ?
94 x 93 = ?	998 x 998 = ?
18 x 19 = ?	457 x 457 = ?
69 x 69 = ?	2015 x 2015 = ?

Lưu ý: Dù bạn tin mình làm được hay không, hãy cứ thử.

Trong trường hợp bạn nghĩ mình không thể tính nhẩm, thì có thể dùng giấy bút để nháp, thử xem mình mất bao lâu.

Hãy thử làm trước khi đọc tiếp.

Thế nào?

Kinh nghiệm cho thấy, dù tôi đã cố gắng tạo niềm tin mạnh mẽ từ chương đầu rằng mọi thứ đều có thể, rồi trong mỗi người là sức mạnh to lớn, nhưng hầu hết mọi người đều lắc đầu lè lưỡi và lật tới trang này.

Đúng vậy.

Niềm tin thôi chưa đủ bạn ạ.

Bạn đâu thể no bụng với niềm tin rằng mình đã ăn một món ngon trong tưởng tượng?

Bạn đâu thể trở nên giàu có với niềm tin rằng tiền sẽ mọc ra từ trên cây?

Bạn đâu thể có được hạnh phúc với niềm tin sẽ có ông bụt nào đó hóa phép giúp bạn?

Có một thứ gì đó còn thiếu.

Tôi tin rằng sau khi đọc phần sau, bạn sẽ không chỉ tính nhẩm được nhanh hơn bạn nghĩ, mà còn nhận ra Tư Duy Đấu Sĩ sẽ giúp bạn giải quyết mọi vấn đề nhức nhối đơn giản và nhanh chóng như thế nào.

PHẦN II
TƯ DUY ĐẤU SĨ

3 đấu sĩ 1 điểm chung

Trước khi khám phá tư duy này, tôi muốn bạn gặp gỡ 3 con người thú vị. Tuy họ ở độ tuổi khác nhau, nhưng tôi đều coi họ là những "đấu sĩ", vì đều sở hữu một điểm chung thú vị.

Hãy quét mã QR và xem các clip về họ nhé, đảm bảo bạn sẽ phải ngạc nhiên đấy.

fususu.com/clip-tu-duy-dau-si

Tôi sẽ phân tích về họ ở các chương sau, nên bạn hãy dành ít phút để xem trước khi đọc tiếp nhé. Chúng cũng là các clip rất thư giãn.

Thế nào?

Bạn nhận ra điểm chung đó chứ?

Clip #1: Bạn đã thấy một cậu bé sở hữu đôi tay phi thường, như thể có họ hàng với siêu The Flash[2], với khả năng xếp cả tá cốc chỉ trong vài giây khiến ai cũng tròn mắt.

Clip #2: Bạn đã thấy một giáo sư Toán học với bộ não siêu khủng, có khả năng tính nhẩm bình phương một số tận 5 chữ số, khiến cả khán phòng phải thốt lên kinh ngạc.

Clip #3: Thật ra đây là một clip hài, quay cảnh nhiều đứa bé ngã theo nhiều cách không thể hài hơn, rồi sau đó đứng dậy, cười phớ lớ. Có thể bạn cũng đã cười sung sướng.

Đố bạn, họ có điểm chung gì?

Họ đều thông minh, nhanh nhẹn, sáng tạo, hài hước, tài giỏi, và dễ thương?

Có thể.

Đáp án:

Họ đều có não.

---

[2] Một siêu anh hùng với năng lực chuyển động nhanh như tia chớp.

Họ sở hữu một bộ não phi thường, với cả trăm tỷ tế bào thần kinh, mỗi tế bào thần kinh có sức mạnh tương đương với một bộ vi xử lý hiện đại nhất hiện nay. Chúng liên kết với nhau tạo ra một mạng lưới thần kinh, giúp họ giải quyết mọi vấn đề trong cuộc sống.

Thật tuyệt vời bạn nhỉ, nhưng mà...

Sự thật là y học hiện đại đã chỉ ra rằng mọi bộ não con người đều tương tự như thế. Đây cũng là điều mà tôi rất thấm thía nhất sau khóa học Tôi Tài Giỏi đầu tiên.

Thông qua các trải nghiệm siêu trí não, và các bài thuyết trình thú vị, tôi đã nhận ra: Bộ não của Einstein, của bạn, của tôi, của tất cả chúng ta đều có cấu tạo tương tự.

Tất cả chúng ta đều có sức mạnh não bộ với tiềm năng như nhau. Sự khác biệt nằm ở cách mỗi người sử dụng.

Bản chất các kỹ năng tuyệt vời bạn đã thấy, không chỉ là xếp cốc, tính nhanh, mà còn nhớ nhanh, hay các màn trình diễn đáng ngạc nhiên khác trong các chương trình Got Talent, cho tới cả việc bước đi, vấp ngã và đứng dậy... tất cả có được là nhờ sự liên kết của các nơ-ron trong bộ não.

Thông qua quá trình rèn luyện, các liên kết trong não bộ trở nên bền chặt, tạo thành phản xạ, giúp bạn làm gì đó với độ chính xác hoàn hảo mà không cần phải suy nghĩ.

Hãy nghĩ tới một hành động đơn giản là chạy bộ. Thực ra nó còn phức tạp hơn nhiều lần so với học cách tính nhẩm nhanh.

Thật đấy, khi nhập vai vào bộ não của chính mình để điều khiển thao tác chạy bộ, bạn sẽ thấy nó cực kỳ tinh vi và phức tạp.

Đầu tiên bạn sẽ phải đưa thư tới trung tâm thành phố não bộ, yêu cầu điều chỉnh trọng tâm để nghiêng cơ thể về phía trước, sau đó nhắn tin cho anh "chân phải" ở cuối phố nhấc lên, rồi nhắc chị "tay trái" ở đầu phố vung lên trước, còn bàn "tay phải" vung ra sau để giữ thăng bằng. Sau đó alo cho ông "chân trái" đẩy mạnh...

Bạn thấy chứ, bộ não của bạn xử lý tất cả những điều đó trong nháy mắt. Vì suốt bao năm qua, các nơron xử lý vận động của bạn đã liên kết lại rất chặt chẽ qua mỗi lần chạy, các bộ phận trên cơ thể phối hợp nhuần nhuyễn để tạo ra các phản xạ tự động.

Tương tự, hãy hình dung khi bạn có thể huấn luyện cho bộ não bất cứ kỹ năng nào, thành thục tới mức độ phản xạ và sau đó gặt hái những kết quả phi thường mà thậm chí bạn không cần phải suy nghĩ.

Thật là tuyệt vời phải không?

"Sao chỗ này thầy nhìn ra được? Sao chỗ này thầy có ý tưởng viết hay thế?"

Đó là chia sẻ tôi rất thường xuyên nhận được từ học viên khóa viết sách, khi tôi đọc bản thảo và phản hồi cho họ tới từng câu chữ.

Đúng thật là nhiều khi tôi cũng bất ngờ vì bộ não mình có thể "nhảy ý" nhanh như vậy, nhưng tôi biết mình chẳng phải thiên tài, vì đó là kết quả hiển nhiên sau cả chục năm luyện não trong lĩnh vực này.

Nếu tôi đã làm được để phát huy mọi tiềm năng trong mình và chinh phục những mục tiêu không tưởng, thì bạn hoàn toàn cũng có thể, khi bạn làm chủ Tư Duy Đấu Sĩ. Và bước đầu tiên trên hành trình này đó chính là... luyện tính nhẩm nhanh.

Tại sao là tính nhẩm?

Tất nhiên, với các kỹ năng mình sở hữu, tôi có thể hướng dẫn bạn làm nhiều thứ từ tự học ngoại ngữ, luyện siêu trí nhớ, thuyết trình, viết lách, cho tới cả lập trình web v.v... nhưng tại sao trong cuốn này tôi lựa chọn kỹ năng tính nhẩm như là... cho học sinh vậy???

Đây là 3 lý do chính:

1) Nó đơn giản, mà gây kinh ngạc.

Sau những màn biểu diễn "ảo thuật toán học", tôi đã chứng kiến những ánh mắt tròn xoe của học viên lẫn phụ huynh ở dưới sân khấu nhìn tôi như thể họ đang thấy một thiên tài.

Sau khi tôi giúp họ làm được điều tương tự, họ nhận ra: Ồ, hóa ra mình cũng giỏi phết. Từ đó, họ tự tin hơn vào tiềm năng não bộ của chính mình, và bắt đầu thử áp dụng những bí quyết, những công thức mới mẻ khác.

Tương tự, khi bạn có thể làm được những thứ mà nhiều người ngoài kia nghĩ là không thể, tự nhiên bạn sẽ cảm thấy thích thú, bạn bắt đầu tin tưởng hơn vào sức mạnh của mình.

Niềm tin, đó không phải là chìa khóa mở ra cánh cửa tới kết quả tuyệt vời hay sao?

2) *Nó minh họa tuyệt vời và chính xác*

Năm 2012, tôi có tham gia một chương trình 3 ngày được thiết kế bởi tỷ phú T Harv Eker, có tên cùng với cuốn sách bán chạy của ông: Bí Mật Tư Duy Triệu Phú. Tôi đã học được nhiều thứ, nhưng điều tôi ấn tượng nhất là câu nói:

"Cách bạn làm một việc, cũng sẽ là cách bạn làm mọi việc."

Đúng vậy, cách mà bạn huấn luyện bộ não của mình để thành thục kỹ năng tính nhẩm, cũng sẽ là cách bạn thành thục bất cứ kỹ năng nào. Khi tới quy trình Tam Giải ở cuối chương này, và bắt đầu vào sâu kỹ thuật tính nhẩm, bạn sẽ hiểu rõ hơn điều tôi muốn nói.

3) *Vì ai cũng có thể ứng dụng được ngay*

Có thể có những người gặp khó khăn khi đọc, khi viết, khi vẽ, v.v... nhưng tôi ít thấy ai gặp khó khăn khi đếm.

Sự thật là chỉ cần đếm được từ 1 tới 100, bạn hoàn toàn có thể thực hành các bài tập trong cuốn sách này và làm cho bạn bè, thậm chí chính bản thân mình ngạc nhiên!

Quay trở lại bài kiểm tra tính nhẩm ở cuối chương trước...

Khi đã hiểu được bản chất của mọi kỹ năng, bạn sẽ thấy thật ra mình không tính được thì một phần là do niềm tin. Và sau đó bạn thử tính cũng không được hoặc chậm chạp, thì một phần là do các liên kết nơron giúp bạn xử lý việc tính nhẩm nhanh chưa hình thành.

Tương tự trong cuộc sống. Khi bạn chưa dám làm một điều gì đó, thì một phần trong bạn chưa tin mình có thể làm được. Rồi khi bạn làm nhưng thấy mình chưa nhanh, thì một phần là do các liên kết nơron có thể đã được tạo, nhưng chưa bền chặt.

Với tôi, tính nhẩm nhanh là một công cụ tuyệt vời để kích thích não bộ. Nó không chỉ giúp bạn hiểu được nguyên lý để thành thục mọi kỹ năng trong cuộc sống, mà còn có thể khiến người thân và bạn bè của bạn mắt tròn xoe (điều tôi thích nhất).

Bây giờ hãy thử tạo một vài liên kết nơron mới, hãy thử cách tính nhẩm nhanh với phép tính có vẻ phức tạp nhất nhé!

Cùng vào đấu trường!

Hãy khám phá phép tính đơn giản đầu tiên:

$$9998 \times 9998 = ?$$

Nhìn "khủng khiếp" vậy thôi, nhưng thực ra đây là phép tính đơn giản nhất trong các phép bình phương (một phép toán mà bạn nhân một số bất kỳ với chính nó).

Bạn chỉ cần làm ba bước sau đây sẽ ra kết quả mau chóng:

#1. Xác định khoảng cách tới 10000, ví dụ 9998 cách 10000 là 2.

#2. Bạn lấy 9998 trừ đi khoảng cách đó, 9998 – 2 = 9996. Đó chính là phần đầu tiên của kết quả.

#3. Bạn lấy khoảng cách bình phương lên, 2 x 2 = 4, rồi thêm ba số 0 vào bạn sẽ có phần sau của kết quả là 0004.

Ghép lại, bạn sẽ có kết quả 99960004. Hãy thử bấm máy tính xem có đúng không nhé!

Tại sao lại có công thức này?

Bạn chưa cần phải biết vội. Hồi còn bé lúc tập đi, bạn đâu có thắc mắc tại sao mình lại đi bằng chân mà không đi bằng tay?

Tất cả những gì bạn làm là bắt chước, tập, tập, bắt chước, tập, cho tới khi làm được.

Nếu bạn đã tin tưởng ai đó thì hãy cứ tạm bỏ qua câu hỏi tại sao và tiếp tục luyện tập theo chỉ dẫn cho tới khi thành thục.

Đó là một bước cực kỳ quan trọng để huấn luyện vị "đấu sĩ phản xạ" trong bạn.

Hãy cùng xem một phép tính khác:

$$9997 \times 9997 = ???$$

Bạn có thể làm ba bước tương tự như trên.

    #1. Khoảng cách từ 9997 tới 10000 là 3.

    #2. Lấy 9997 trừ đi 3, 9997 - 3 = 9994

    #3. Bình phương của 3 là 9, thêm ba số 0 bạn sẽ có 0009

Kết quả ghép lại sẽ là 99940009.

Hãy thử bấm máy kiểm tra lại xem có đúng không nhé!

Nếu bạn là tôi cách đây nhiều năm, bạn sẽ phải há hốc mồm. Ủa, sao lại như thế?

Phép tính kết quả lên tới gần cả trăm triệu, chỉ đơn giản như vậy thôi sao???

Đôi khi cuộc sống là như vậy đó, nhiều vấn đề vốn đơn giản, nhưng đã được người ta phức tạp hóa.

Cùng làm thêm một phép tính khác nhé, cái này sẽ khác một chút.

$$9996 \times 9996 = ?$$

#1. Khoảng cách từ 9996 tới 10000 là 4.

#2. Lấy 9996 trừ đi 4, 9996 - 4 = 9992.

#3. Bình phương của 4 là 16.

Vậy là bạn đã có hai phần của kết quả cuối cùng. Bạn sẽ ghép chúng lại thế nào đây?

Theo bạn sẽ là 999216, hay thêm vào ba số 0 như trước là 999200016???

Đáp án là 99920016.

Tại sao lúc thì thêm ba số 0, lúc thì thêm hai số 0 vậy?

Đơn giản là vì kết quả của các phép tính bình phương từ 9000 cho tới 9999, bao giờ cũng là một số có 8 chữ số. Nên nếu thiếu số, thì bạn cần bổ sung số 0 vào cho đủ là xong.

Giờ bạn hãy thử tự làm phép tính này rồi so sánh các bước phía dưới xem sao nhé.

9900 x 9900 = ?

#1. Khoảng cách từ 9900 tới 10000 là 100.

#2. Lấy 9900 trừ đi khoảng cách 100 bên trên sẽ có 9800.

#3. Bình phương 100 là 100 x 100 = 10000.

Vậy kết quả là bao nhiêu???

980010000??

Chắc chắn không phải, vì kết quả cuối cùng chỉ có 8 chữ số thôi mà.

Đáp án là bạn chuyển số 1 bị dư ở phần sau, sang phần trước thôi, bạn sẽ có kết quả là:

98010000

Hãy thử bấm máy tính kiểm tra xem sao.

Tôi tin là bạn đã hiểu cách tính nhanh này rồi, giờ hãy áp dụng cách đó với các phép tính sau, rồi bạn sẽ ngạc nhiên khi thấy mình tính ngày càng nhanh đấy.

9999 x 9999 = ?   9993 x 9993 = ?

9995 x 9995 = ?   9992 x 9992 = ?

9994 x 9994 = ?   999 x 999 = ?

Thế nào?

Kinh nghiệm cho thấy hầu hết mọi người đều làm được, và bắt đầu thấy việc tính nhẩm không khó như mình tưởng tượng, và đâu đó phấp phới niềm hi vọng mới vào bản thân. Càng làm nhiều, bạn sẽ càng thấy mình làm nhanh hơn, đó là quy luật tự nhiên.

Và bạn có để ý phép toán cuối cùng ở trên không, nó khác với các phép toán còn lại. Lần này thay vì 4 chữ số thì là 3 chữ số. Bạn có đoán ra cách tính nhanh và làm được chứ?

Nó cũng tương tự thôi, song thay vì bạn xác định khoảng cách tới 10000 và kết quả là số có 8 chữ số, thì lần này là 1000 với kết quả là một số có 6 chữ số thôi.

Với phép tính 999 x 999, bạn làm như sau:

#1. Khoảng cách 999 và 1000 là 1

#2. Lấy 999 - 1 = 998

#3. Lấy 1 x 1 = 1, thêm hai số 0 có 001

Kết quả là 998001.

Hãy bấm máy kiểm tra nhé!

Và điều thú vị là cách này áp dụng cho mọi số gần 100, 1000, 10000, 100000, 1000000....

99 x 99 = 9801

999 x 999 = 998001

9999 x 9999 = 99980001

99999 x 99999 = 9999800001

Có thể bạn tự hỏi, đây là các trường hợp đặc biệt, và thật ra rất dễ. Thế còn những trường hợp khác như trong bài kiểm tra thử đầu tiên của chúng ta thì sao?

95 x 95 = ?   36 x 34 = ?

96 x 98 = ?   81 x 81 = ?

94 x 93 = ?   998 x 998 = ?

18 x 19 = ?   457 x 457 = ?

69 x 69 = ?   2015 x 2015 = ?

Trông chúng đơn giản hơn, nhưng thật ra lại khó hơn, đòi hỏi công thức phức tạp hơn một chút. Nhưng bạn yên tâm, vì mọi thứ đều có thể, vấn đề là phương pháp.

Với phương pháp đúng đắn, tôi đã từng luyện cách tính nhẩm nhanh với các biển số xe trên đường, để có thể nhẩm bình phương một số có hai chữ số bất kì trong vòng 1-3 giây, còn số có 3 chữ số thì khoảng 5-7 giây.

Việc này không chỉ cho tôi thêm niềm tin vào việc tính toán, giúp tôi hiểu rõ từng bước hình thành bất cứ kỹ năng nào. Đồng thời luyện cho bộ não của tôi một thói quen thay vì "gặp khó là bỏ", nó sẽ "gặp khó là làm".

Trước khi đi sâu hơn vào công thức phép toán bên trên, có một điều quan trọng bạn cần hiểu...

Chậm là tất yếu

Khi luyện một cách tính nhẩm nhanh nào đó, hay khi rèn luyện bất cứ kỹ năng nào cũng vậy, giống như tập đi, ban đầu có thể bạn sẽ gặp sai sót, bạn có thể sẽ vấp ngã.

Đó là do các liên kết nơron mới được khởi tạo, vị đấu sĩ phản xạ chỉ mới thức giấc. Nếu bạn tiếp tục luyện tập, bạn sẽ trải qua giai đoạn sai sót để tới giai đoạn tiếp theo là... không sai, nhưng chậm chạp.

Tức là bạn có thể ra kết quả đúng, nhưng bị chậm. Lúc này là do các liên kết nơron tạo ra chưa bền chặt, đường truyền tín hiệu bị đứt quãng. Nếu bạn dừng luyện tập, chẳng khác nào bảo vị đấu sĩ phản xạ vừa thức dậy lúc nãy: hãy... ngủ tiếp đi.

Đó là lý do mà nếu bạn càng thấy mình chậm, thì bạn càng phải luyện tập hăng say.

Tới phép tính thứ 20, thứ 30, các nơ-ron kết dính chặt hơn, đường truyền tín hiệu thông suốt, vị đấu sĩ não bộ đã biết phải làm gì tiếp theo, quá trình xử lý sẽ nhanh hơn. Rồi đến phép tính thứ 100, 200, 300, lúc này bạn bước sang giai đoạn phản xạ, vị đấu sĩ não bộ sẽ bắt đầu cho bạn thấy sức mạnh của anh ta!

Ngay sau đây, bạn sẽ không chỉ khám phá thêm các công thức tính nhanh khác, mà còn hiểu được một quy trình huấn luyện Tư Duy Đấu Sĩ cho não bộ, mà tôi gọi là Tam Giải.

Đây chính là cách đã giúp tôi không chỉ luyện tính nhẩm nhanh, mà ngày xưa còn "cày" để đạt điểm số gần như tuyệt đối trong các kỳ thi, đặc biệt là các môn logic, đòi hỏi não bộ xử lý vấn đề nhanh nhạy.

Sau này, cũng cùng một quy trình ấy, đã giúp tôi thành thục gần như mọi thứ mình học hỏi trong thời gian nhanh chóng, mà người ngoài nhìn vào cứ tưởng là tôi có năng khiếu, hoặc... không phải con người.

Quy trình TAM GIẢI

Để giúp bạn dễ hình dung, tôi sẽ lấy một ví dụ phép toán khác. Ở phần trước bạn đã được học phép toán bình phương, vậy các phép tính sau thì sao?

99 x 98 = ?   9997 x 9996 = ?

999 x 998 = ?   99992 x 99993 = ?

9999 x 9998 = ?

Chú ý: Lần này, bạn **được** dùng máy tính, **được** dùng nháp. Nhưng mục tiêu không phải là tìm ra kết quả, mà hãy tìm ra cách tính.

Dựa trên gợi ý ở phần trước, hãy thử tìm ra cách tính nhanh cho các phép toán tương tự như trên.

Hãy cho mình khoảng 10-15 phút để thử, xem bạn có tìm ra quy luật tính nhanh các phép toán này không nhé.

Thế nào?

Bạn tìm ra được chứ?

Nếu được thì rất tốt, không được thì cũng không sao.

Điều quan trọng là bạn đã thử.

Đây cũng chính là bước đầu tiên trong quy trình Tam Giải của chúng ta.

Bước #1: Thử GIẢI

Dù vấn đề có khó khăn đến mấy, giống như các đấu sĩ, bạn không cho phép mình bỏ cuộc. Vì đánh thử chưa chắc thắng, nhưng không đánh thì chắc chắn thua. Bạn chỉ có thể biết được bạn chắc chắn thành công hay không, khi bạn tiếp tục hành động.

Tuy nhiên, trước khi hành động, hãy đặt cho mình một thời hạn nhất định. Lúc này sẽ có hai tình huống xảy ra.

Trường hợp A: Sau nhiều nỗ lực, bạn thành công trong thời hạn đề ra, thật là tuyệt vời!

Rất nhiều người sau khi giải quyết thành công một vấn đề, họ ăn mừng, và sau đó quên luôn. Để rồi lần tới gặp lại nó, họ có thể xử lý được, nhưng vẫn chậm.

Đó là vì họ đã không thực hiện bước #3. Sau khi thành công ở bước #1 - Thử Giải, bạn cần bước #3 mà chúng ta sẽ bàn tới sau.

Trường hợp B: Đã hết thời hạn mà bạn không giải quyết được, hoặc không có hướng giải quyết.

Hay nói một cách đơn giản là bạn đã thất bại.

Nhiều người có thói quen sợ thất bại, họ nghĩ thất bại là xấu. Nên khi thất bại, ngay lập tức họ cho rằng mình không thông minh, mình kém cỏi, rồi có thể bỏ cuộc...

Họ đã không nghĩ rằng:

Thất bại đơn giản là một bài học. Thất bại là dấu hiệu cho thấy mình chưa biết cách làm, hoặc làm chưa chuẩn mà thôi, nên nó là một bước tiến, chứ không phải bước lùi.

Giống như một đấu sĩ thông minh khi bị bại trận bởi một kẻ thù giỏi hơn. Tất nhiên là anh ta muốn đấu lại, nhưng vì kẻ thù giỏi hơn, nên phải có sự chuẩn bị tốt hơn. Lúc này, anh ấy có thể đi tìm một vị thầy để chỉ cho anh ta chiêu thức nào đó để có thể chiến thắng đối phương trong lần tới gặp lại.

Đôi khi lùi một bước, để tiến hai bước.

Vì thế nếu đã hết thời gian mà không giải được, không tìm ra cách giải. Lời khuyên là đừng cố giải tiếp, hãy chuyển sang bước #2.

Trước khi khám phá bước #2, tôi có một câu hỏi cho bạn:

Thời đi học, bạn đã từng xem giải chưa?

Tức là khi thấy một bài nào đó khó, bạn mở sách giải ra xem.

Theo bạn xem giải như vậy là xấu hay tốt?

Thường vì nhiều lý do, mà mọi người đều trả lời tôi: Xem giải là xấu.

Thật ra, nó tùy vào thái độ của bạn lúc đó, cũng như hành động của bạn sau đó.

Nếu bạn xem giải vì lười biếng, và mở ra để chép đáp án cho nhanh. Chép giải như vậy thì rõ ràng là không tốt.

Còn nếu bạn thực hiện bước #2 sau đây, thì bạn không chỉ rèn luyện được Tư Duy Đấu Sĩ, mà thậm chí đi thi còn đạt điểm cao hơn cả những người "không thèm xem giải bao giờ".

Bước #2: Học GIẢI

Học giải rất khác với chép giải.

Chép giải, là bạn nhìn tới đâu chép tới đó, chép xong thì gấp sách lại, cách làm này chỉ có một lợi ích duy nhất là trả nợ bài cho thầy cô, chứ chẳng có lợi ích gì về lâu dài.

Còn học giải thì khác.

Sau khi thử giải không được, bạn biết mình có thể đã chưa biết một điều gì đó, nên bạn mở sách giải ra để học hỏi xem tại sao mình đã chưa làm được.

Sau đó bạn đóng sách và tự làm lại. Trong quá trình làm, nếu quên thì bạn có thể mở ra xem tiếp, rồi đóng lại. Đây chính là quá trình các liên kết nơron hình thành trong bộ não của bạn, bạn đang "học hỏi" cách làm.

Chép giải mới xấu, chứ học giải rất tốt.

Người ta có câu đừng dại đi phát minh lại cái đèn dầu, nếu bạn không giải quyết được một vấn đề nào đó, thì đơn giản là bạn chưa biết cách mà thôi. Nếu đã có sẵn cách làm (sách giải), sao bạn không học hỏi để làm, và dành sự sáng tạo để tìm ra cách nhanh hơn?

Bạn có thể dành 3 tiếng đồng hồ để... giải quyết một bài duy nhất nào đó, rồi sau đó đi khoe với bạn bè. Cũng sướng, nhưng chuyện gì xảy ra nếu bài đó không có trong đề thi?

Tôi thì thích dành 3 tiếng để "học giải" và "cài đặt" vào bộ não mình 5-7 cách giải các dạng bài để khi đi thi, tôi sẽ có cơ hội đạt nhiều điểm cao hơn. Do dành thời gian luyện giải nhiều dạng đề khác nhau như vậy, nên lúc đi thi, tôi thường... trúng tủ tới 90%, haha!

Đó là lý do hồi đó ở trong lớp có thể có nhiều bạn có năng khiếu hơn tôi, nhưng điểm tổng kết cuối kỳ tôi lại hơn họ. Đó là cũng là lý do trong bước Thử Giải có một yếu tố quan trọng mà tôi đã nói:

Bạn cần đặt ra thời hạn cho việc Thử Giải.

Nếu giải được, qua bước #3, nếu không thì sang bước #2 này.

Bây giờ chúng ta hãy cùng học giải cho cách tính nhanh các phép toán ở phần thử giải nhé. Chúng ta cũng học bằng cách quan sát các ví dụ đơn giản trước.

$$97 \times 95 = ?$$

Để tính nhanh, bạn chỉ cần làm 4 bước sau:

#1. Xác định khoảng cách của số thứ hai tới 100, ở đây: 95 cách 100 là 5.

#2. Để có phần đầu tiên của kết quả, bạn lấy số đầu tiên trừ đi khoảng cách đó, 97 – 5 = 92.

#3. Bạn xác định khoảng cách của số đầu tiên tới 100, 97 cách 100 là 3.

#4. Bạn nhân hai khoảng cách với nhau là sẽ ra phần sau của kết quả, 3 x 5 = 15.

Ghép lại, bạn sẽ có kết quả là 9215. Hãy thử kiểm tra bằng máy tính xem sao nhé.

Có phức tạp hơn phép toán bình phương đúng không? Song nhìn hình vẽ dưới đây sẽ giúp bạn hiểu hơn phép tính này diễn ra trong đầu nhanh thế nào.

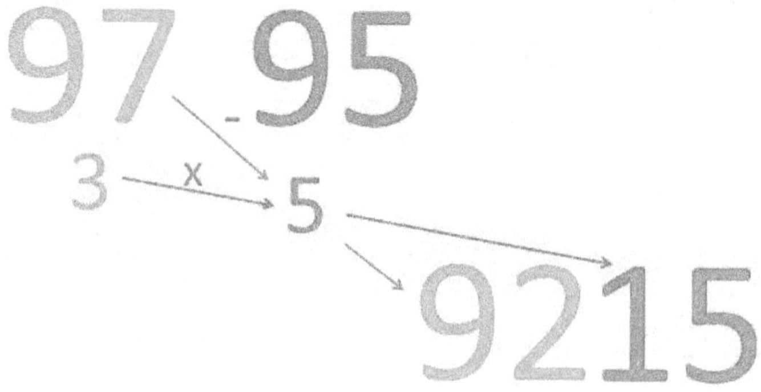

Giờ hãy cùng xem xét một vài phép tính khác để bạn hiểu hơn "cách giải" nhé.

$$98 \times 99 = ?$$

Bạn có thể làm 4 bước tương tự như trên, song lần này khác một tí xíu.

#1. Xác định khoảng cách của số thứ hai tới 100, ở đây: 99 cách 100 là 1.

#2. Để ra được phần đầu tiên của kết quả, bạn lấy số đầu tiên trừ đi khoảng cách, cụ thể là 98 − 1 = 97.

#3. Bạn xác định khoảng cách của số đầu tiên tới 100, cụ thể 98 cách 100 là 2.

#4. Bạn nhân hai khoảng cách với nhau: 2 x 1 = 2

Kết quả ghép sẽ là 972 ư?

Không phải, Vì 90 x 90 = 8100, và 100 x 100 = 10000 nên chắc chắn 98 x 99 sẽ có kết quả là một số có 4 chữ số.

Tương tự bên phép toán bình phương, lúc này bạn chỉ cần chèn thêm số 0 vào là ra 9702. Hãy thử bấm máy kiểm tra lại xem có đúng 98 x 99 = 9702 không nhé!

Tôi tin là bạn đã hiểu cách làm rồi, và cách này có thể áp dụng cho tất cả các phép toán trông "khủng khiếp" hơn.

$$999 \times 998 = ?$$

Tương tự thôi, có 4 bước:

#1. Xác định khoảng cách của số thứ hai tới 1000, ở đây: 998 cách 1000 là 2.

#2. Để ra được phần đầu tiên của kết quả, bạn lấy số đầu tiên trừ đi khoảng cách đó, cụ thể là 999 – 2 = 997.

#3. Bạn xác định khoảng cách của số đầu tiên tới 1000, cụ thể 999 cách 1000 là 1.

#4. Bạn nhân hai khoảng cách với nhau: 2 x 1 = 2, và vì có ba chữ số, nên bạn cần thêm hai số 0 vào là 002.

Ghép lại bạn sẽ có kết quả cuối cùng 997002. Hãy thử bấm máy xem thế nào nhé!

Giờ thì bạn đã hiểu "cách giải" của việc tính nhanh các phép toán đưa ra rồi. Nhưng bạn hiểu một thứ gì đó, không có nghĩa là bạn có thể thuần thục mau chóng. Các nơron trong bộ não bạn mới chỉ hình thành các liên kết thôi, muốn làm nhanh hơn, bạn cần luyện tập.

99 x 98 = ?   9997 x 9996 = ?

999 x 998 = ?   99992 x 99993 = ?

9999 x 9998 = ?

Bạn có thấy đúng là, càng tập nhiều, bạn càng thấy hiểu hơn, dễ làm hơn đúng không?

Chính vì thế mà chúng ta có bước #3 rất quan trọng, mà hầu hết mọi người đã bỏ qua, không chỉ trong trường học, mà còn trên trường đời nữa.

Điều này khiến họ lãng phí thời gian, tiền bạc để ngày càng học những thứ mới mẻ, mới mẻ hơn nữa. Họ có thể trở thành những học viên "ham học" nhưng "lười làm", và chẳng bao giờ tạo được kết quả nào đột phá.Vậy bước #3 là gì?

Bước #3: Luyện GIẢI

Bước này thật ra rất đơn giản.

Nếu là một bài tập, thì bạn hãy thử tự giải lại mà không cần xem giải. Hãy thử tính nhẩm các phép toán dưới đây, và xem bạn đã làm nó nhanh hơn thế nào so với lần đầu.

Rồi sau đấy, bạn thử thách thêm bản thân bằng ít nhất 3-5 bài tương tự.

93 x 95 = ?   9995 x 9996 = ?

997 x 999 = ?   99991 x 99998 = ?

9993 x 9994 = ?

Việc này rất quan trọng, vì nó giúp các liên kết mới tạo ra trong bộ não trở nên bền chặt hơn, đẩy nhanh quá trình tạo ra phản xạ.

Còn nếu là một kỹ năng, thì hãy tập đi tập lại. Hãy hình dung việc này giống như bạn tạo ra một con đường băng qua rừng vậy.

Ban đầu có rất nhiều cây cối, nên bạn không thể nào phóng xe qua được, mà bạn phải đi bộ, dùng dao để chặt cành. Sau lần đầu tiên, con đường tạo ra đã thông thoáng, giúp bạn dễ dàng đi lại hơn. Nhưng nếu bạn không đi một thời gian, cây cối lại mọc um tùm trở lại. Còn nếu bạn đi liên tục, thậm chí đổ nhựa đường, thì lần tới bạn có thể phóng xe băng băng qua đó, rất nhanh phải không?

Đây chính là lý do mà cậu bé xếp cốc, cũng như nhà ảo thuật toán học của chúng ta đã có những màn trình diễn như siêu nhân. Đây là lý do mà từ một đứa bé sinh ra không biết gì, chúng ta có thể tự do chạy nhảy, nói năng, v.v... và cũng là lý do tôi đạt được nhiều thành quả thú vị và bất ngờ.

Bạn thấy đấy, không phải họ, tôi, hay ai đó là siêu nhân. Tất cả thành quả thú vị ấy thực ra là kết quả của sự luyện tập chăm chỉ để tạo ra các liên kết trong bộ não ở mức độ phản xạ. Và đã là con người, đã sở hữu một bộ não bình thường và cơ thể lành lặn, là bạn hoàn toàn có thể làm được dễ dàng!

Tư Duy Đấu Sĩ trong cuộc sống

Do mục tiêu của cuốn sách là để giúp bạn hiểu được Tư Duy Đấu Sĩ, và phương pháp tính nhẩm chỉ là minh họa, nên dù có thể bạn có nhiều câu hỏi liên quan tới tính nhanh:

Các phép toán 996 x 996 tôi có thể làm được, nhưng phép toán 932 x 932 thì sao? Rồi còn nhiều trường hợp khác nữa...

Nếu bạn đam mê tính nhẩm nhanh như thế, thì tôi đã viết hẳn một cuốn cẩm nang riêng cho bạn, nơi tập hợp các công thức hay nhất tôi từng tìm ra. Bạn có thể sở hữu ngay cuốn sách này qua mã QR ở trang sau.

Giúp bạn tính nhanh các phép toán nhân
và bình phương như làm ảo thuật

fususu.com/qr-dausi

Điều quan trọng là tới đây, bạn đã nắm được Tư Duy Đấu Sĩ, mà bản chất là tin tưởng vào tiềm năng trong bạn và hành động một cách khôn ngoan để phát huy sức mạnh ấy.

Bạn cũng đã được trang bị quy trình Tam Giải để huấn luyện bộ não thành thục một kỹ năng nào đó. Bạn đã thấy quy trình này trong các phép tính nhanh, vậy thì trong cuộc sống sẽ như thế nào?

Thực ra cũng rất đơn giản thôi, mà tôi có thể tóm lại cho bạn trong 3 bước sau.

Bước #1 - Thử giải

Khi bạn có một vấn đề cần giải quyết, hay một mục tiêu cần chinh phục. Việc đầu tiên bạn cần làm không phải là lao đầu vào xử lý, mà là bật lên công tắc niềm tin trong bạn:

Hãy cứ tin là nếu có ai đó làm được, thì bạn cũng có thể làm được.

Sau đó, bạn bắt tay vào hành động, thử làm mọi thứ trong khả năng của bạn. Việc thử tự làm bằng hết khả năng của mình, sẽ giúp bạn phát huy sự sáng tạo, giúp bạn vận dụng tối đa mọi thứ mình đang có.

Một điều quan trọng là hãy cho bản thân mình một thời hạn nhất định. Trong thời hạn đó nếu giải quyết tốt, thì sang bước #3, còn nếu chưa giải quyết được, thì qua bước #2.

Bước #2 - Học giải

Sự thật là chẳng ai có thể giỏi tất cả mọi thứ, nên việc bạn thất bại hoặc gặp khó khăn khi giải quyết vấn đề nào đó mới mẻ là tất yếu. Lúc đó, thay vì mất niềm tin vào bản thân, hãy đặt niềm tin vào đúng chỗ:

Nếu bạn chưa thành công, thì không phải là bạn yếu kém, mà đơn giản là bạn chưa biết một điều gì đó mà người thành công đã biết, và đã thực hiện mà thôi.

Thay vì dành năng lượng cho cảm xúc tiêu cực, buồn chán, hãy dành năng lượng của bạn để "học giải". Hãy tìm tới những người thành công, đã đạt được điều bạn muốn, học hỏi họ, làm theo cách của họ, tới khi bạn thành công.

Sau đó, có một bước quan trọng mà nhiều người đã bỏ qua, khiến họ lãng phí thời gian, tiền bạc.

Bước #3 - Luyện giải

Thành công một lần thôi chưa đủ, vì nó có thể là do may mắn. Để thực sự biến kỹ năng thành bản năng, bạn cần phải thành công nhiều lần, với cùng một cách ấy.

Lúc đấy, các liên kết nơron trong não bộ sẽ được hình thành một cách bền chặt. Khi đó, bạn có thể thực hiện rất dễ dàng một việc mà trước đây bạn có thể gặp khó khăn.

Làm vậy, bạn sẽ không chỉ ngày càng thành công hơn, mà thậm chí nếu muốn, bạn còn có thể tự tin chia sẻ, viết sách, mở các khóa huấn luyện, giúp đỡ mọi người đạt kết quả tương tự, hoặc đơn giản là có thể giúp ai đó một cách hiệu quả khi họ cần tới bạn.

Lưu ý nhỏ mà "có võ"

Trước khi luyện giải, hãy đảm bảo tìm ra một phương pháp hiệu quả nhất có thể. Vì bạn sẽ không muốn tiêu tốn thời gian để luyện tập những phương pháp không hiệu quả.

Trên hành trình học hỏi của mình, tôi không đọc nhiều sách, cũng không tham gia nhiều khóa học như người khác, nhưng mỗi cuốn sách tôi đọc, mỗi khóa học tôi tham gia, đều là từ những bậc thầy đỉnh cao nhất trong lĩnh vực của họ mà tôi tìm được (sẽ bật mí cho bạn ở chương sau).

Tại sao nên làm vậy?

Vì tôi có hai niềm tin:

1. Phương pháp đã sai, đích đến còn dài.

2. Thời gian quan trọng hơn tiền bạc.

Tôi đã từng mất 5 năm mày mò để ra được bản thảo đầu tay, và bị từ chối bởi NXB. Tôi hiểu rõ cảm giác đau đớn khi dành nhiều năm trời mò mẫm không ra kết quả như ý là như thế nào. Đó là lý do ngay khi có điều kiện, tôi sẵn sàng đánh đổi tiền bạc để học từ những người giỏi nhất, giúp tôi tạo ra kết quả xuất sắc nhất, trong thời gian ngắn nhất.

Ở phần sau, bạn sẽ được thấy Tư Duy Đấu Sĩ trong đấu trường cuộc sống, thông qua hành trình tôi chinh phục các mục tiêu của mình từ rèn luyện bản thân, cho tới cải thiện mối quan hệ, nâng tầm sự nghiệp...

Lưu ý: Bạn có thể tham khảo, nhưng nên linh hoạt áp dụng, vì mỗi người mỗi cảnh, mỗi thời mỗi khác. Nếu bạn có khó khăn nào, đừng ngại quét mã QR cuối sách, tham gia cộng đồng độc giả Fususu để được tư vấn thêm.

PHẦN III
ĐẤU TRƯỜNG CUỘC SỐNG

Tôi đã luyện siêu trí não và nhớ 1000 số Pi như thế nào?

Nếu quét mã QR dưới đây, bạn sẽ không chỉ thấy clip tôi và các độc giả Numagician đọc lại dãy Pi 512 số, mà còn một clip mà tôi đọc lại chính xác số Pi theo thứ tự ngẫu nhiên trong dãy 1000 số (một điều mà nhiều người thuộc cả ngàn số Pi, chưa chắc đã làm được).

fususu.com/luyen-tri-nho

Có thể khi xem các clip đó, bạn sẽ phải thốt lên, "Wow, tuyệt quá, họ có phải con người không vậy?"

Nhưng cũng có thể bạn nghĩ, "Ừ, khủng khiếp đấy, nhưng họ... bị khùng rồi, học cái dãy số Pi dài vô nghĩa đó để làm gì vậy???"

Nếu bạn hỏi vậy, tôi xin phép hỏi ngược lại: Tại sao leo núi rồi đằng nào cũng phải xuống, nhưng người vẫn tiếp tục leo ầm ầm? Đằng nào ai sinh ra rồi cũng chết, tại sao người ta vẫn tiếp tục sống dai dẳng?

Thực ra, trên thế giới có nhiều kỷ lục gia nhớ tới cả hàng chục ngàn, hàng trăm ngàn số Pi, và suy cho cùng thì... nó cũng chẳng để làm gì cả, vì bản thân đó là một dãy số vô nghĩa. Nhưng tại sao nhiều người vẫn làm?

Bởi vì một bí mật quan trọng của cuộc sống:

Hành trình quan trọng hơn là đích đến.

Có thể bây giờ, sau hơn 4 năm không ôn lại, khi bạn hỏi tôi số Pi thứ 512 sau dấu phẩy là bao nhiêu, tôi sẽ thành thật: Tôi quên rồi.

Vì nguyên lý hoạt động của bộ não là cái gì bạn không ôn lại, tự động nó sẽ quên.

Nhưng có một thứ tôi không bao giờ quên.

Đó chính là cảm giác mình đã chinh phục được bản thân, đã làm được một thứ trước đó mình nghĩ là không thể. Cảm giác đó cho tôi niềm tin vô cùng lớn vào bản thân mình, giúp tạo đà cho tôi chinh phục nhiều thành tựu thú vị khác trong cuộc sống.

Hơn nữa, trên cuộc đời này, tôi đố bạn làm điều gì đó mà... không phải dùng tới não?

Từ ăn uống, đi đứng, nằm ngồi, bất cứ thứ gì, đều cần dùng tới não. Nếu bạn luyện tập để làm chủ được sức mạnh não bộ, bạn có thể ứng dụng nó trong mọi lĩnh vực. Và nếu như luyện các phép tính nhanh giúp bạn gia tăng tư duy logic, trở nên nhanh nhạy, thì luyện trí nhớ sẽ giúp bạn tăng khả năng sáng tạo, tưởng tượng lên đến tuyệt vời.

Sau khi bạn đã đã tin tưởng bản thân rằng mình có thể làm được, thì bạn có thể áp dụng 3 bước Tam Giải để chinh phục mục tiêu này. Tất nhiên, nếu luyện trí nhớ chưa phải là mục tiêu của bạn lúc này, thì bạn có thể đọc các phần khác. Còn dưới đây là chính xác cách ngày xưa tôi đã luyện siêu trí nhớ với số Pi như thế nào.

#1 - Thử giải

Bạn có thể thử nhớ số Pi bằng một cách xưa cũ là học vẹt, đọc đi đọc lại, lẩm bẩm ngày qua ngày. Với cách đó, tôi nghĩ là bạn có thể làm được thôi, song sẽ mất nhiều tháng, nhiều năm để nhớ dãy số dài ngoằng đó. Tôi đã thử, và không thể nhớ quá 32 số với cách xưa cũ đó, nên tôi đã phải học giải.

Trên hành trình đọc sách, tìm hiểu về trí siêu trí nhớ, tôi học được rằng để ghi nhớ những dãy số dài khô khan, bạn cần xây dựng cho mình một hệ ghi nhớ. Ở đó, mỗi con số sẽ tương ứng với một hình ảnh, bởi vì đó là cách mà bộ não lưu trữ thông tin: hình ảnh.

Có rất nhiều cách để biến số thành hình, mà nếu quét mã QR bên dưới, bạn sẽ được khám phá ít nhất là 3 cách khác nhau.

fususu.com/nho-so-pi

Tại sao cần biết nhiều cách như thế?

Bởi vì sẽ có người phù hợp cách này, cách kia. Bạn có thể biết nhiều cách, song nên thử để tìm ra cách phù hợp nhất, học để hiểu cách áp dụng, và kiên trì áp dụng cho tới khi thuần thục, cho tới khi đạt kết quả nào đó thú vị.

#2 - Học giải

Sau khi đã tìm hiểu nhiều cách khác nhau, tôi đã chọn phương pháp số-hình, bạn biến con số thành hình ảnh bằng cách thêm vào các nét vẽ một cách khéo léo. Chẳng hạn, số 19 dưới đây đã được thêm nét vẽ trở thành con chó, và 25 thành con rồng rất sinh động.

Cách này giúp bạn vừa nhớ số dễ hơn, vừa phát triển khả năng sáng tạo, vừa có thể dùng các con số làm "móc treo trí nhớ", giúp bạn nhớ hàng chục, hàng trăm thứ khác trong cuộc sống. Vì thế, tôi đã dành gần 5 năm để tìm ra các hình ảnh thú vị như vậy cho các con số từ 1 tới 100 và tạo ra Numagician.

Sau khi bạn đã có một hệ ghi nhớ phù hợp cho riêng mình, giúp bạn có thể liên tưởng một con số bất kỳ tới hình ảnh mau chóng, thì việc ghi nhớ dãy số sẽ trở nên dễ dàng hơn rất nhiều.

Lúc này, thay vì lẩm bẩm con số 1925 khô khan trong đầu, tôi chỉ việc nghĩ tới hình ảnh:

Siêu nhân chó (19) chiến tranh với rồng (25) để lấy vé đi xem triển lãm chiếc TV đầu tiên.

Hoặc thay vì nhớ 8 số trong dãy Pi là "38 46 26 43", thì tôi chỉ việc ghi nhớ câu chuyện sau:

Một chiếc nhẫn (38) bắn đạn pháo (46) vào ốc sên (26) đang lướt sóng (43)!

Thật sinh động và dễ nhớ phải không? Bạn có thể tìm hiểu "công trình" đầy đủ 100 số-hình này trong sách Numagician.

fususu.com/play/numa1

Đó là cách mà tôi, cũng như nhiều kỷ lục gia trí nhớ thế giới chinh phục đỉnh núi Pi này. Đơn giản là biến những dãy số khô khan thành những câu chuyện ngộ nghĩnh. Thế là bạn có thể vừa thư giãn, vừa học thuộc dãy số Pi nhanh chóng hơn, dễ dàng hơn.

#3 - Luyện giải

Vậy là bạn đã hiểu cách giải vấn đề nhớ số Pi rồi, nhưng biết thôi thì chưa đủ. Khi bạn mới biết, và hiểu chút chút về một vấn đề, thì lúc đó các liên kết nơron thần kinh chỉ như mới hẹn hò với nhau lần đầu.

Nếu bạn bỏ cuộc, nếu bạn không luyện tập tiếp, thì kiểu như sau khi hẹn hò, các nơron cảm thấy không hợp, nên liên kết sẽ không bền chặt. Trái lại, nếu bạn thực hành nhiều, đặc biệt là thực hành đều đặn, thì các liên kết nơron trở nên bền chặt, giống như là chúng… kết hôn, sinh ra những "đấu sĩ phản xạ".

Đó là lý do tôi đã ứng dụng cách trên không chỉ để nhớ 8, 16, 32, hay 100 số đằng sau dấu phẩy của hằng số Pi (mặc dù thế cũng đủ gây ấn tượng với nhiều người), mà là tới 512, rồi tới cả 1000 số (và tôi nghĩ vậy là được, chứ không nhất thiết bạn cần luyện tới cả hàng chục ngàn số, trừ khi bạn có ý định đi thi đấu siêu trí nhớ).

Hành trình nghĩ ra cả trăm câu chuyện rồi nhớ chúng sẽ dễ dàng hơn là lẩm bẩm lại dãy cả trăm cả ngàn số khô khan, nhưng cũng đòi hỏi thời gian, và tính kỷ luật cao. Thế nên, năm 2019 khi ở Quy Nhơn, tôi đã quay clip lại chính xác quá trình mình làm hồi ấy, để nếu bạn cũng muốn thử thách bản thân thì có thể xem, và coi như chúng ta cùng nhau "leo núi", và bạn sẽ đỡ cô đơn, sẽ về đích nhanh hơn.

Bạn có thể tìm thấy các clip này thông qua một khóa học mà tôi tặng miễn phí có tên là "Chinh phục đỉnh Pi 1000". Tất cả những gì bạn cần làm chỉ là quét mã QR dưới đây, để nhận hướng dẫn chi tiết tham gia, kèm với quà tặng ebook và khóa học thú vị khác.

fususu.com/qua-tang-mien-phi/?r=qr_tdds_1000pi

Chúc bạn áp dụng thành công, hẹn gặp bạn ở chương tiếp theo với nhiều ứng dụng thú vị khác của Tư Duy Đấu Sĩ trong cuộc sống.

Tôi đã vô địch thuyết trình hài hước như thế nào?

Bạn biết ai đó hài hước và thú vị không?

Có bao giờ bạn mình muốn được như thế, nhưng lại nghĩ kiểu, *"Ôi, chắc họ có năng khiếu, chứ mình sao mà làm được!"*

Đó chính xác là suy nghĩ của tôi, trước khi trở thành người Việt Nam đầu tiên đoạt giải vô địch thuyết trình hài hước khu vực 5 nước Đông Nam Á do Toastmasters International tổ chức vào năm 2022, thậm chí còn viết một cuốn sách về chủ đề này.

#1 - Thử giải

Bạn còn nhớ lần đầu tiên tôi khiến mọi người ở công ty mình cười té ghế chứ?

Đó là khi tôi cho họ xem một clip gây cười, cũng là clip của nhà vô địch thuyết trình Darren Lacroix năm 2001, và nói rằng: "6 tháng nữa, em sẽ làm được như ông ấy!"

Sau đó tôi đã thử nhiều cách khác nhau để làm cho bài nói của mình hài hước hơn. Từ đọc chuyện cười, xem phim hài, đọc sách nói về hài hước, nhưng chúng không giúp được tôi nhiều, mà đôi lúc còn tạo ra những tình huống trớ trêu: Tôi kể chuyện cười xong, và người cười duy nhất là chính mình.

Nhưng chính nhờ nỗ lực "thử giải" vấn đề hóc búa này, mà tôi đã gặp nhiều đau đớn và có động lực để nghiêm túc "học giải". Tôi muốn tìm một phương pháp nào đó đơn giản, để những người không có năng khiếu hài hước như tôi, cũng có thể khiến mọi người cười.

#2 - Học giải

Hồi đó, tôi đã mua bộ DVD của Darren Lacroix. Nhờ ông, tôi biết một bí mật để gây cười đó là: Giải tỏa áp lực.

Ban đầu, ông thường làm cho mọi người cảm thấy căng thẳng theo một cách nào đó, và tới một khúc bất ngờ, ông nói một câu khiến mọi cảm xúc vỡ òa. Ví dụ dưới đây ở trong một clip của Darren mà tôi xem được.

Ông bước lên sân khấu, mặt nghiêm túc, cầm chai nước và nói, "Đã bao giờ bạn thuyết trình chưa? Ở bên ngoài bạn cố tỏ ra cool ngầu (*mặt ông nghiêm túc, mọi người khá căng thẳng*), nhưng ở bên trong... thì như nhảy aerobics (*tay rung rung chai nước*)?"

Cả khán phòng đã cười vang.

Theo Darren, sự đối lập cảm xúc sẽ tạo ra sự bất ngờ trong bộ não, khiến khán giả cười.

Nghe cũng hay, nhưng tôi nghĩ mình cần một công thức cụ thể, dễ dàng áp dụng hơn. Tình cờ, tôi biết tới Craig Valentine (xuất hiện trong cùng clip khóa học với Darren trong bộ DVD ấy), và tôi cảm thấy các chia sẻ của Craig thường đơn giản, dễ dàng áp dụng hơn cả.

Tôi đã xem clip vô địch thuyết trình 1999 của Craig Valentine, và biết chính xác đây là người thầy mình cần học hỏi. Tôi đã không ngại đầu tư cả trăm đô để mua hết các khóa học bằng Audio của Craig, mà trong đó có một khóa bật mí tới 33 công cụ để bạn gây cười, kèm theo phân tích chính những ví dụ thực tế mà

Craig đã làm khiến cả khán phòng cười, được ông ghi âm lại rất sống động.

Tôi đã nghe đi nghe lại, học đi học lại, không biết bao nhiêu lần những Audio của Craig. Tôi nghe nhiều tới mức tôi biết chính xác ông có những câu chuyện nào hay kể, từng câu chuyện sẽ diễn ra thế nào, tới khúc nào khán giả cười và quan trọng là ông giải thích cho tôi tại sao lúc đó họ lại cười.

Craig giúp tôi nhận ra:

Tiếng cười vốn luôn có ở đó, ở trong những câu chuyện của bạn, chỉ là bạn đã chưa biết cách khai quật hài hước mà thôi.

Sai lầm của hầu hết mọi người là cố gắng thêm sự hài hước vào bài nói, còn Craig dạy tôi cách khai quật sự hài hước có sẵn.

Và bạn biết đấy, chỉ đọc, chỉ "học giải" như vậy thôi thì chưa đủ. Bạn đâu thể bước ra sân khấu và lúc đó mới tự hỏi bây giờ mình sẽ dùng kỹ thuật nào để khiến mọi người cười đây, bạn cần phải "luyện giải" để biến tất cả những kỹ năng đó thành bản năng.

#3 - Luyện giải

Đã bao giờ bạn xem lại clip quay cảnh chính mình thuyết trình chưa?

Hay là... bạn không dám xem.

Tôi biết, cảm giác thật là... (thở dài).

Nhưng đó là điều tôi đã làm rất nhiều hồi ấy. Tôi đã tìm cách ứng dụng những công thức từ Darren và Craig vào mọi bài viết hoặc bài nói của mình khi có cơ hội.

Khi viết, tôi xem đi xem lại nhiều lần, xem chỗ nào mình có thể cải thiện. Mẹo nhỏ là tôi hay xem bằng các thiết bị khác nhau. Ví dụ bạn viết bằng di động, thì xem lại bằng laptop, viết bằng laptop thì xem lại bằng di động. Việc này sẽ giúp bạn dễ dàng quan sát khách quan và có thêm nhiều ý tưởng mới.

Khi nói, tôi đều ghi âm hoặc ghi hình để sau đó xem lại, phân tích xem mình đã làm tốt chỗ nào, cần cải thiện chỗ nào. Nói thật với bạn, nếu có một loại phim tài liệu mang tính giáo dục cao nhất, thì đó chính là những clip ... quay lại chính mình diễn thuyết.

Tôi đã học theo Darren, học cách "thưởng thức" chúng như xem phim rạp. Mỗi lần xem, và dùng công thức của Craig để phân tích và cải thiện, tôi lại học thêm được rất nhiều, các liên kết nơron hài hước ngày càng bền chặt.

Tới một thời điểm, khi xem các diễn giả khác chọc cười mọi người, bộ não tôi bắt đầu tự động phán đoán và nhìn ra công thức ẩn mà họ đang áp dụng (và có thể chính họ cũng không biết công thức này).

Tới một ngày, tự nhiên những công thức ấy trở thành một phần trong tôi, tôi thấy mình tự bật ra những ý tưởng hài hước bất ngờ.

Dù muốn, nhưng trong khuôn khổ cuốn sách này, tôi khó mà chia sẻ hết cho bạn về các bí quyết hài hước. Nếu bạn quan tâm, bạn có thể quét mã QR dưới đây, đọc một chương quan trọng trong cuốn Hài Hước Rước Thành Công, cũng là một bí quyết hay nhất mà tôi học được từ Craig: Nghệ thuật khai quật kho báu tiếng cười trong bạn.

sach.vip/ebook-haihuoc-fususu

Trong sách, ngoài chia sẻ các nguyên lý để tạo ra tiếng cười, tôi còn chỉ dẫn rất cụ thể cách thức, cũng như các thói quen giúp bạn gia năng lực hài hước trong mình, kèm rất nhiều ví dụ thực tiễn.

Điều quan trọng nhất sau khi có phương pháp trong tay, bạn cần tìm cho mình một môi trường để rèn luyện các kỹ năng ấy cho thành phản xạ. Có thể là một nhóm viết online nào đó như Anyone Can Write, hoặc có thể là một câu lạc bộ thuyết trình nào đó như VITA Toastmasters.

Dù thế nào đi nữa, hãy tìm cách "luyện giải" hàng ngày, rồi bạn sẽ thấy mình tiến bộ rất mau chóng.

Nhóm viết Anyone Can Write

facebook.com/groups/anyonecanwrite

Câu lạc bộ VITA Toastmasters

vita.toastmastersvn.com

Tôi đã tự viết và xuất bản tới 10 cuốn sách thế nào?

Nếu đứng đó với tôi trong ngày thứ 3 của khóa học Tôi Tài Giỏi cuối 2010, bạn sẽ thấy đôi mắt rực lửa quyết tâm của tôi đang nhìn vào một tờ giấy, được nắm chặt bởi đôi bàn tay nhễ nhại mồ hôi của mình, trên nhạc nền bài hát It's My Life của Bon Jovi.

Chúng tôi đang ở trong một trải nghiệm tạo động lực mạnh mẽ có cái tên dễ thương là "Mắt lửa sành điệu", nhưng thực ra là một thử thách rất cam go. Dù đôi tay nặng trĩu, nhưng tôi quyết không hạ tờ giấy xuống, bởi trên đó có ghi những mục tiêu ý nghĩa mình đề ra: Trở thành một Trainer, và một tác giả.

Việc trở thành Trainer hồi ấy cũng dễ lý giải, vì trong khóa học ấy tôi đã được chứng kiến những chuyên gia đào tạo năng động và hài hước, tôi muốn được giống như họ. Còn việc trở thành tác giả thì tôi cũng chưa biết, vì tôi từng tốt nghiệp 4 điểm Văn, lên tới sinh viên làm tiểu luận còn là nỗi ám ảnh, thì liệu tôi có làm được hay không?

Nhưng...

Làm sao biết chính xác bạn có làm được hay không nếu bạn không thử, phải không nào?

#1 - Thử giải

Nhờ trải nghiệm ấy, mà mục tiêu trở thành tác giả dường như đã được ghim vào trong tim tôi. Suốt từ 2010 tới 2014, dù có những khoảng thời gian dài trì hoãn, nhưng tôi luôn suy nghĩ về nó và tìm cách thực hiện.

Tôi rất thích tác phẩm Harry Potter, rồi cũng hay xem phim viễn tưởng như Inception (Kẻ Cắp Giấc Mơ), và cũng nghiên cứu về siêu trí nhớ, nên tôi đã nảy ra ý tưởng kết hợp chúng thành một cuốn truyện. Tôi đã tự mày mò để viết ra cuốn tiểu thuyết đầu tay đầy tâm huyết mang tên Bật Đèn Lên Và Đi rồi gửi ngay tới một công ty phát hành sách uy tín thời đó.

Sau ấy thế nào bạn cũng biết rồi, họ đã từ chối không thương tiếc (dù tôi có quen biết một chị đồng nghiệp khá thân với tổng biên tập bên đó). Dù sao đi nữa, thì tôi cũng đã nỗ lực. Tuy thất bại, nhưng tôi cũng đã thử.

#2 - Học giải

Thành thật với bạn là sau thất bại đau đớn đó, tôi mới thực sự nghiêm túc tìm hiểu về cách viết tiểu thuyết, và tôi ước là mình đã làm điều này sớm hơn. Tôi ước mình áp dụng công thức Tam Giải triệt để hơn.

Vì trong Tam Giải, bước Thử Giải bạn có thể thử thoải mái, nhưng nó phải có thời hạn. Tôi đã Thử Giải quá lâu, mãi mới chịu Học Giải.

Tôi đã mua sách và phần mềm của Randy Ingermanson, một tiểu thuyết gia đạt giải, cha đẻ của phương pháp Snowflake, đã giúp hàng chục ngàn tác giả trên thế giới hoàn thành cuốn tiểu thuyết ước mơ của họ. Nhờ Randy mà tôi nhận ra, mọi cuốn truyện hay một phần có thể do tác giả có năng khiếu, nhưng phần lớn là do "thiết kế" và sửa đi sửa lại nhiều lần, chứ không phải là tác giả ngồi xuống viết một mạch là xong cuốn sách.

Nhờ Randy mà tôi nhận ra hơn 100.000 chữ trong bản thảo của mình trước đó gửi tới NXB, thực ra là một núi chữ thì đúng hơn là một cuốn tiểu thuyết. Chúng chẳng có cấu trúc, hay mạch truyện rõ ràng. Và lúc đó nếu sửa lại, thì còn... lâu hơn cả viết mới.

Thế là tôi đành gác ước mơ tiểu thuyết gia sang một bên và tìm hiểu về các thể loại sách khác cũng như cách tạo ra chúng.

Quá trình đó giúp tôi đến với Sách học, hay sách chia sẻ kinh nghiệm, giúp độc giả học hỏi được một điều gì đó thú vị. Chúng dễ viết hơn vì bạn thường có sẵn một kho kinh nghiệm, và cũng viết nhanh hơn vì số lượng chữ thường chỉ bằng một nửa hoặc một phần ba so với một cuốn tiểu thuyết.

Đó là lý do mặc dù Bật Đèn chỉ là bản thảo đầu tay, nhưng cuốn sách đầu tay tôi xuất bản lại là cuốn Numagician: Đánh Thức Phù Thủy Trí Nhớ Trong Bạn, nơi tập hợp 5 năm nghiên cứu, sáng tạo, và đào tạo về siêu trí nhớ của tôi cho các học viên của khóa học. Còn cuốn Bật Đèn, thì mãi tới 2019, tôi mới viết lại toàn bộ và xuất bản thành công.

Để tri ân thầy Randy, vào năm 2024, tôi đã mua bản quyền 2 cuốn sách bán chạy nhất của thầy hướng dẫn tiểu thuyết để dịch sang tiếng Việt. Tôi mong muốn các tác giả viết truyện sẽ không bao giờ đi vào vết xe đổ của tôi, mất bao công sức tạo ra một cuốn tiểu thuyết, mà cuối cùng không được đón nhận ngay từ... vòng gửi xe.

Với Snowflake hay phương pháp Hoa Tuyết, bạn sẽ bắt tay vào viết một cuốn tiểu thuyết mà bạn biết chắc chắn rằng nó sẽ cực hay khi hoàn thành.

fususu.com/play/snowflake1

fususu.com/play/snowflake2

#3 - Luyện giải

Sau cuốn sách Numagician đầu tay được độc giả đón đọc nồng nhiệt, tôi dùng cùng một công thức viết sách cho cuốn thứ hai là 21 Cách Học Tiếng Anh Du Kích, rồi tới cuốn thứ ba là Thay Thói Quen Đổi Cuộc Đời.

Càng viết và càng xuất bản sách, các công thức viết sách tôi học hỏi được càng ngấm vào trong người tôi, giúp tôi viết càng ngày càng nhanh hơn, các con chữ tuôn ra ngày một nhiều hơn. Tới 2023, tôi cán mốc 10 cuốn sách giấy được xuất bản, chưa kể hàng chục đầu sách ở dạng ebook, đều được đánh giá cao với nhiều review 5 sao. Thậm chí tôi tự tạo ra cấu trúc và template viết sách 5 sao độc đáo, giúp bất cứ ai cũng có thể tạo ra ebook hoặc sách của họ dễ dàng hơn.

Bạn thấy đấy, tất cả những kết quả tôi có được không phải do tôi có năng khiếu hay gì cả, mà là quá trình kiên trì Thử giải - Học giải - Luyện giải. Tất nhiên, nếu bạn muốn tự viết và xuất bản một cuốn sách để đời, bạn không cần phải trải qua mọi thứ tôi đã trải qua.

Tôi đã mất gần 5 năm thử giải không cần thiết. Vì hồi đó tôi hơi cố chấp, tôi nghĩ mình có thể tự làm mọi thứ, và đã không đặt thời hạn cho việc Thử giải. Nếu tôi chỉ cho phép mình 3 tháng để ra bản thảo thì sẽ khác. Khi hết thời hạn mà không ra, tôi chấp nhận rằng mình cần phải Học giải, thì chắc chắn là kết quả đã tới nhanh hơn rồi.

Bằng chứng là từ tháng 5/2022, tôi bắt đầu lập Hội Tác Giả 5 Sao, nơi tôi chia sẻ những kiến thức và kỹ năng từng giúp mình viết sách thành công. Ban đầu trong hội ngoài tôi ra, thì đều là các tác giả tương lai, nhưng chỉ sau 1 năm, hội đã có hàng chục tác giả với những cuốn sách rất chất lượng.

Dù trước ấy có những người tin rằng mình không thể viết sách, rồi chưa kể là có người tin mình viết được, nhưng đã trì hoãn bao năm nay, cuối cùng đều đã ra sách. Tôi vẫn còn nhớ rõ nụ cười rạng rỡ của họ khi cầm cuốn sách mơ ước trong tay.

Ảnh: Fususu và các tác giả trong Hội Tác Giả 5 Sao

Nếu bạn muốn viết sách, bạn đã Thử giải mà chưa thành, hoặc bạn muốn tạo ra những cuốn sách chất lượng 5 sao theo chuẩn mực Fususu học hỏi từ các nhà vô địch diễn thuyết, các tiểu thuyết gia. Bạn có thể quét mã QR ở dưới để tìm hiểu về bộ sách Tác Giả Thịnh Vượng, nơi tập hợp đầy đủ A-Z mọi thứ bạn cần để tạo ra một cuốn sách để đời trong thời gian ngắn nhất.

fususu.com/tac-gia-thinh-vuong

Dù sao đi nữa, hẹn sớm gặp bạn trên bìa sách của bạn!

Tôi đã xây dựng thói quen và làm chủ cuộc đời như thế nào?

Nếu bạn hỏi một điều đơn giản nhưng lại có sức mạnh giúp thay đổi bản thân mạnh mẽ và tạo ra những kết quả bền vững, thì tôi sẽ không ngại ngần trả lời:

Xây dựng thói quen.

Niềm tin mới có thể mang lại cho bạn cảm xúc mới, có thể giúp bạn có động lực mạnh mẽ nhất thời để đưa ra quyết định đột phá. Song động lực chỉ là khởi đầu, còn thứ thực sự đưa bạn tới đích chính là thói quen.

Chính những thói quen, hay việc bạn làm một thứ gì đó đều đặn, mới làm cho các liên kết nơron trở nên bền chặt hơn bao giờ hết, giúp bạn giải quyết mọi vấn đề trong nháy mắt, khỏi cần nghĩ suy.

#1 - Thử giải

Sức mạnh của thói quen không mới. Có rất nhiều sách vở viết về nó. Có rất nhiều khóa học trang bị kiến thức về cách xây dựng thói quen, và bản thân tôi trước ấy cũng đã không biết bao nhiêu lần Thử giải bài toán xây dựng thói quen này, từ đọc sách, viết sách, tới tập thể dục giảm cân, và hầu hết đều thất bại.

#2 - Học giải

Năm 2015, tôi đã tham gia khóa học Tiny Habits Masterclass của Bj Fogg, giáo sư ĐH Stanford, nơi tôi được khám phá kiến thức thay đổi bản thân rất khoa học và hiệu quả, mà sau này cũng được thầy đưa vào cuốn sách bán chạy Tiny Habits.

Sau hơn 1 tháng đồng hành cùng Bj Fogg và vợ ông hồi ấy, tôi đã nhận ra rất nhiều sai lầm của mình trước đây khi xây dựng thói quen. Và một sai lầm cơ bản nhất chính là tôi đã quá phụ thuộc vào động lực và sự quyết tâm.

Vì trước đó tôi đã được nghe, được dạy rằng: Để hình thành thói quen, tôi cần kỷ luật bản thân để duy trì hành vi đó trong một thời gian dài, từ 21-28 ngày, rồi 60-90 ngày... khi học Bj Fogg, tôi nhận ra mọi con số đều không có cơ sở, vì thực tế có những thói quen có thể hình thành ngay lập tức như lướt Facebook, Tiktok, và cũng có những thói quen luyện cả đời vẫn không thành.

Tôi đã được hiểu sâu sắc các nguyên lý khoa học để tạo ra thói quen. Với kinh nghiệm của mình, tôi có thể tóm gọn cho bạn:

Bắt đầu từ hành vi nhỏ, gắn nó vào thói quen cũ, và ăn mừng ngay sau khi thực hiện.

Đơn giản vậy thôi, nhưng sau đó là công trình nghiên cứu hơn 20 năm của thầy tôi, và gần hơn 10 năm thử sai, áp dụng của tôi. Nếu muốn hiểu sâu hơn, bạn có thể tìm đọc cuốn Tiny Habits (Thói Quen Tí Hon) của Bj Fogg, hoặc cuốn Thay Thói Quen Đổi Cuộc Đời do chính tay tôi viết.

Trong khuôn khổ cuốn sách này, tôi chỉ có thể kể ngắn gọn nguyên lý, cùng với hành trình mình đã áp dụng như thế nào theo Tư Duy Đấu Sĩ, mà bạn sẽ tìm thấy một số ví dụ thực tiễn ở phần sau.

fususu.com/play/ttqdcd

#3 - Luyện giải

Ngay sau khi biết được nguyên lý tạo thói quen nhỏ kết quả to, tôi đã áp dụng triệt để vào cuộc sống của mình, chinh phục những mục tiêu đang dang dở trước đây.

Về việc tập thể dục...

Tôi nhận ra sai lầm của mình là thường xuyên "lạm dụng động lực", và bắt đầu với những hành vi quá khó với thực lực của mình hiện tại như chạy bộ, tập gym, v.v...

Tôi lựa chọn hành vi đơn giản hơn: Đi bộ.

Tôi biết mình sẽ quên thực hiện nếu không gắn hành vi đó với một thói quen cũ mà ngày nào tôi cũng thực hiện: Đi thang máy. Và tôi cũng biết bộ não vốn thích làm việc dễ trước, nên tôi cần phải khôn khéo huấn luyện nó.

Thế là ngày nào cứ tới thang máy, khi mọi người bước vào, là tôi lại mỉm cười và bước lên thang bộ cạnh đó. Nhưng tôi cũng không đi bộ hết cả 5 tầng, tôi chỉ đi bộ lên tầng 2, và bước vào thang máy, sau đó ăn mừng sung sướng.

Nghe thật là ngộ nghĩnh, nhưng chính nhờ thói quen nhỏ đó, mà sau đấy việc đi bộ lên xuống 5 tầng lầu đối với tôi chỉ là chuyện nhỏ.

Rồi hồi ở Hà Nội, tôi đã mua mấy cục tạ, dây nhảy, và biến sân thượng nhà mình thành một phòng gym mini rồi tập chăm chỉ lắm. Nhưng sau này, khi tôi chuyển qua chế độ vừa du lịch vừa làm việc, thì tôi bắt đầu lười trở lại.

Bạn biết tôi đã làm gì không?

Tôi đã mua một thanh xà gắn cửa rất tiện lợi, và đính nó ngay trên cửa phòng ngủ, biến nó thành một cái xà đơn. Mỗi sáng thức dậy, khi bước ra cửa, tôi đều nhảy lên kéo vài cái. Thói quen nhỏ này không chỉ giúp lưng tôi khỏe hơn, mà còn giúp tôi giảm cân đáng kể.

Tập thể dục thì quan trọng nhất là sự đều đặn. Hãy gắn những động tác đơn giản, vào thói quen hàng ngày của bạn, và bạn sẽ thấy không nhất thiết phải ra phòng tập, hay tham gia những chương trình hoành tráng, thì mới giúp bạn duy trì sức khỏe.

Về việc học tiếng Anh...

Nếu bạn hỏi tôi thành tích nào tôi tự hào nhất, thì không hẳn là vô địch thuyết trình hài hước tiếng Anh, hay viết cả tá sách đâu, mà là... tự dịch sách của mình sang tiếng Anh, rồi tự viết một cuốn bằng tiếng Anh.

Vâng, dù tôi chẳng có bằng cấp hay chứng chỉ tiếng Anh nào, tôi vẫn dịch tới 6 cuốn sách của mình (bao gồm cuốn tiểu thuyết Bật Đèn) sang tiếng Anh, và gần đây nhất tôi còn tự viết một cuốn bằng tiếng Anh từ đầu, và nhận được những review 5 sao đầu tiên trên Amazon với bút danh Leo Rowan.

Tất cả chỉ bắt đầu bằng những thói quen đơn giản mà tôi xây dựng cho mình.

Đầu tiên là mỗi sáng thức dậy, tôi đều dành 30 giây để tìm đọc một câu nói hay bằng tiếng Anh. Việc này giúp tôi không chỉ gia tăng vốn từ, mà còn sử dụng ngôn ngữ tiếng Anh nhuần nhuyễn hơn. Đây cũng là 1 trong 7 Cách Học Tiếng Anh Du Kích thú vị, được tôi giới thiệu trong cuốn ebook cùng tên và tặng miễn phí nhân dịp kỷ niệm 7 năm viết nó.

fususu.com/play/7tadk

Sau đó là luyện dịch Việt-Anh. Hồi còn ở Đà Lạt, việc đầu tiên mà tôi làm mỗi sáng là dành 30 giây mở bản thảo tiếng Anh cuốn sách cần dịch, và bắt đầu tự dịch, rồi so sánh với Google Translate, mỗi ngày một chút. Dần dần, tôi thấy mình đạt được level "Google Translate", tức là sau khi tự dịch xong, tôi so sánh và thấy cũng giống giống.

Tất nhiên, là để sách được nuột nà hơn, thì sau khi tự dịch xong, tôi đã nhờ các Freelancer người nước ngoài đọc bản tự dịch của mình và góp ý, chỉnh sửa giúp tôi. Thông qua đó, tôi cũng học được rất nhiều cách dịch sao cho tự nhiên nhất.

Nhờ quá trình thử giải, học giải, luyện giải như vậy mà dần dần, việc sử dụng tiếng Anh bắt đầu trở thành bản năng. Tham gia Toastmasters thường xuyên cũng giúp tôi có môi trường nghe nói tiếng Anh đều đặn.

Dần dần, mỗi khi viết hoặc nói, tôi không còn cần phải suy nghĩ hay tự dịch trong đầu như trước nữa. Và tất cả những điều đó xảy ra một cách tự nhiên, những kết quả đến tự lúc nào không hay.

Về việc viết sách...

Ngay xưa tôi toàn đặt ra các mục tiêu kiểu hôm nay phải dành 1 tiếng, 2 tiếng viết sách, hoặc viết 1000, 2000 chữ!!!

Và bạn biết kết quả thế nào rồi đấy...

Tôi chỉ thực hiện được mấy hôm.

Nhưng từ hồi biết tới nguyên tắc thói quen nhỏ, tôi đã chỉ tập một hành vi đơn giản, thực hiện vào đầu buổi sáng:

Ngay sau khi mở laptop, tôi sẽ mở thảo và dành 30 giây nhìn nó, mỉm cười sung sướng.

Vâng, chỉ 30 giây dành cho bản thảo vào đầu mỗi ngày, thế mà giờ, tôi đã là tác giả của cả chục đầu sách đã xuất bản. Chưa kể là cũng cùng cách ấy, cũng đã giúp tôi dịch tới 6 cuốn sách của mình sang tiếng Anh.

Rồi không chỉ tôi, mà nhiều học viên khóa viết sách của tôi, những ai đã kiên trì với phương pháp 30 giây này, cũng đã hoàn thành cuốn sách mơ ước của họ trong thời gian nhanh hơn cả mong đợi. Còn những ai cứ kiểu, "Tháng tới mình sẽ ra sách, mình sẽ dành 2-3 tiếng/ngày để viết!" thì nói thật là mãi vẫn chưa thấy bản thảo đâu, ha ha!

Để giúp bạn hiểu hơn về phương pháp này, tôi cũng đã viết hẳn một ebook tặng bạn mang tên Bí Mật Tác Giả 30 Giây.

fususu.com/play/tacgia30s

Bạn thấy đấy, nhờ hiểu biết về khoa học thói quen cũng như chăm chỉ Luyện giải để biến chúng thành phản xạ, tôi đã không chỉ nâng cao năng suất làm việc, mà còn tạo ra những kết quả đột phá trong cuộc sống.

LỜI CHIA TAY

Cám ơn bạn vì đã lựa chọn cuốn sách, và đặc biệt là đã đọc tới đây.

Điều đó chứng tỏ có một vị đấu sĩ thực sự bên trong bạn đã thức giấc, và giúp bạn kiên trì làm điều đó. Giờ là lúc tận dụng sức mạnh của vị đấu sĩ ấy để giúp bạn chinh phục những mục tiêu phía trước.

Trước khi chia tay, hãy cùng điểm lại những điều quan trọng mà chúng ta đã thảo luận trong cuốn sách.

Ở Phần I...

Bạn đã biết rằng ai sinh ra cũng có một sứ mệnh nào đó, kèm theo một sức mạnh tuyệt vời để thực hiện nó, nhưng vì nhiều lý do mà sức mạnh ấy đã bị "ngủ quên".

Cách đánh thức đơn giản hơn bạn nghĩ, và chìa khóa chính là niềm tin, nhưng phải là một niềm tin sâu sắc, vô điều kiện rằng: bạn đang sở hữu sức mạnh ấy.

Và tin thôi chưa đủ, giống như là bạn sở hữu trong tay một món vũ khí, bạn cần phải luyện tập để sử dụng nó. Có tin, cứ thử, mới tiến.

Ở phần II...

Bạn đã được biết Tư Duy Đấu Sĩ, một phương pháp hiệu quả để bạn huấn luyện bộ não thành thục những gì bạn đã học, để biến kỹ năng thành bản năng, giúp bạn thực sự tạo ra kết quả đột phá. Đây cũng là 3 bước Tam Giải để giúp bạn giải quyết vấn đề hiệu quả:

- ★ Thử giải
- ★ Học giải
- ★ Luyện giải

Dù bạn đã được trải nghiệm 3 bước này qua việc luyện tính nhẩm siêu tốc, nhưng thực tế nó không chỉ áp dụng trong giải toán, hay các môn trên trường học, mà còn có thể ứng dụng mạnh mẽ trên trường đời.

Ở phần III...

Thông qua các câu chuyện thực tế, bạn đã thấy tôi áp dụng Tư Duy Đấu Sĩ như thế nào để lần lượt chinh phục mục tiêu đề ra:

★ Trí não cá vàng, lại nhớ 1000 số Pi, viết hẳn một cuốn sách độc đáo về trí nhớ.

★ Ngại giao tiếp, lại trở thành Trainer, rồi vô địch thuyết trình hài hước.

★ Từ 4 điểm Văn, xuất bản cả tá sách, rồi cũng dịch và viết bằng tiếng Anh.

★ Từ hay trì hoãn, nay xây dựng mọi thói quen tốt, giúp mình làm chủ cuộc đời.

★ Tôi tin rằng danh sách này sẽ tiếp tục được cập nhật...

Đến đây, có thể bạn cảm thấy tràn ngập khí thế, nhưng thế lực của trì hoãn rất lớn, và có thể sẽ đè bẹp bạn ngay vào ngày mai, ngay sau khi bạn gấp sách lại...

Thế nên, nếu bạn muốn...

Nếu bạn muốn đánh thức vị đấu sĩ trong mình, để không bao giờ bị "khuất phục" bởi trì hoãn...

Nếu bạn muốn tiết kiệm cả tấn thời gian và tiền bạc mà bạn đã đầu tư cho các kiến thức phát triển bản thân...

Nếu bạn muốn đạt được những kết quả xuất sắc từ chính kiến thức mình đã học, và tận dụng từng giây từng phút để khiến nó sinh lời...

Nếu bạn muốn tất cả những điều đó, và nhiều hơn thế nữa, thì đây là điều bạn có thể làm...

Một thứ mà mới nghe thì nhiều người ngoài kia sẽ tưởng đó là một nghi thức vô bổ, nhưng bạn biết rõ đằng sau thói quen nhỏ này là một sức mạnh rất uyên thâm.

Đó là...

Mỗi sáng thức giấc, hãy dành 30 giây để luyện tính nhẩm một phép tính nào đó.

Có thể là từ 1 tới 25, có thể là một con số bất kỳ. Hoặc như tôi ngày xưa, bạn có thể tính nhẩm các biển số xe khi đi trên đường. Bạn có thể tham khảo cuốn Ebook Tính Nhẩm Siêu

Tốc tôi tặng dưới đây, để "tăng level" cho bộ não, với nhiều phép tính linh hoạt.

fususu.com/qr-dausi

Thực hiện tính nhẩm mỗi ngày, bạn không chỉ nhắc nhở bản thân phải rèn luyện vị đấu sĩ não bộ trong mình, mà càng ngày, bộ não sẽ càng "đô con", và sẽ giúp bạn xử lý mọi vấn đề một cách nhanh nhạy hơn bao giờ hết.

Thượng đế ban cho mỗi người bộ não thiên tài, chỉ tiếc là ngài quên gửi hướng dẫn sử dụng. Giờ đây, bạn đã có trong tay một phần hướng dẫn sử dụng rồi, hãy áp dụng thôi!

Một lần nữa cám ơn bạn rất nhiều!

Cuối cùng, thành thật với bạn, đây là một trong những phiên bản đầu tiên của sách, nên tôi mong nhận được review 5 sao cảm hứng của bạn, cũng như những cảm nhận và đóng góp ý kiến gửi tới email tacgia@fususu.com

Dù chỉ đôi dòng thôi, nhưng chắc chắn bạn sẽ truyền cảm hứng để cho tôi tiếp tục hoàn thiện, và biết đâu có thể ra mắt phiên bản sách giấy của Tư Duy Đấu Sĩ, với nhiều cập nhật thú vị hơn nữa.

Mong tin tốt lành,

Fususu - Nguyễn Chu Nam Phương

(Đã ký lên màn hình, từ một phòng gym tự chế tại gia, ở một thành phố biển xinh đẹp)

ĐÔI NÉT VỀ TÁC GIẢ

FuSuSu

Nguyễn Chu Nam Phương

Từng gặp đủ vấn đề, tự ti vì tốt nghiệp tiểu học trung bình, ngoại hình mất cân đối, trí não cá vàng, hướng nội nặng, ngại giao tiếp, chọn nhầm ngành nghề, mất phương hướng cuộc sống...

Nhưng sau đó anh vượt qua nhiều kỳ thi với điểm gần tuyệt đối, chinh phục được nhiều mục tiêu "không tưởng": Từ trở thành Trainer siêu trí não, tác giả hơn 10 đầu sách đã xuất bản, vô địch thuyết trình hài hước 5 nước Đông Nam Á, sống đời tự do...

Nam Phương tin rằng: Mọi thứ đều có thể, vấn đề là phương pháp, và nhiều khi biết phương pháp thôi chưa đủ, bạn cần "huấn luyện" bộ não để biến kỹ năng thành bản năng, và gặt hái kết quả tuyệt vời.

www.ingramcontent.com/pod-product-compliance
Lightning Source LLC
Chambersburg PA
CBHW072010150726
47999CB00002B/586